eXamen.press

eXamen.press ist eine Reihe, die Theorie und
Praxis aus allen Bereichen der Informatik für
die Hochschulausbildung vermittelt.

Tilo Gockel

Form der wissenschaftlichen Ausarbeitung

Studienarbeit, Diplomarbeit, Dissertation, Konferenzbeitrag

2. Auflage

Springer

Tilo Gockel
Hochschule Aschaffenburg
FB Ingenieurwissenschaften
Würzburger Str. 45
63743 Aschaffenburg
Deutschland
tilo.gockel@h-ab.de

ISSN 1614-5216
ISBN 978-3-642-13906-2   e-ISBN 978-3-642-13907-9
DOI 10.1007/978-3-642-13907-9
Springer Heidelberg Dordrecht London New York

Die Deutsche Nationalbibliothek verzeichnet diese Publikation in der Deutschen
Nationalbibliografie; detaillierte bibliografische Daten sind im Internet über
http://dnb.d-nb.de abrufbar.

© Springer-Verlag Berlin Heidelberg 2010
Dieses Werk ist urheberrechtlich geschützt. Die dadurch begründeten Rechte,
insbesondere die der Übersetzung, des Nachdrucks, des Vortrags, der Entnahme
von Abbildungen und Tabellen, der Funksendung, der Mikroverfilmung oder
der Vervielfältigung auf anderen Wegen und der Speicherung in Datenverarbeitungsanlagen, bleiben, auch bei nur auszugsweiser Verwertung, vorbehalten.
Eine Vervielfältigung dieses Werkes oder von Teilen dieses Werkes ist auch
im Einzelfall nur in den Grenzen der gesetzlichen Bestimmungen des Urheberrechtsgesetzes der Bundesrepublik Deutschland vom 9. September 1965 in der
jeweils geltenden Fassung zulässig. Sie ist grundsätzlich vergütungspflichtig.
Zuwiderhandlungen unterliegen den Strafbestimmungen des Urheberrechtsgesetzes.
Die Wiedergabe von Gebrauchsnamen, Handelsnamen, Warenbezeichnungen
usw. in diesem Werk berechtigt auch ohne besondere Kennzeichnung nicht zu der
Annahme, dass solche Namen im Sinne der Warenzeichen- und Markenschutz-Gesetzgebung als frei zu betrachten wären und daher von jedermann benutzt
werden dürften.

Einbandentwurf: KuenkelLopka GmbH

Springer ist Teil der Fachverlagsgruppe Springer Science+Business Media
(www.springer.com)

Vorwort

Der vorliegende Leitfaden ist aus einer losen Sammlung von Notizen entstanden, die ich in den letzten fünf Jahren während der Betreuung studentischer Arbeiten an der Universität Karlsruhe im Fachbereich Informatik zusammengetragen habe. Zusammengestellt und beantwortet sind hier die immer wiederkehrenden Fragen zur Gliederung, zum Layout, zu Grafiken, zur Rechtschreibung und zu Form und Stil.

Eingeflossen sind auch die selbst erfahrenen Probleme während der Arbeit an der Dissertation, an den zugehörigen Veröffentlichungen und an den letzten zwei Fachbüchern. Entsprechend habe ich die Hoffnung, dass dieses Handbuch nicht nur vielen Studenten bei der Niederschrift der Seminar-, Studien oder Diplomarbeit hilft, sondern auch angehenden Fachbuchautoren einige Probleme abnimmt.

Um den Leitfaden auf ein solides Fundament zu stellen, ist parallel ein zugehöriges Latex-Template online verfügbar [Template 10].

Einordnung

Vor einigen Wochen sind bereits wieder kleinere Änderungen der Rechtschreibverordnung verabschiedet worden. Die Rechtschreibung im vorliegenden Buch richtet sich nach dem Duden in der 25. Auflage; sollten mehrere Schreibweisen zulässig sein, so wird hier jene Schreibweise verwendet, die im Duden empfohlen wird (grüne Häkchen in [Duden-Red. 09b]).

Die Versionsnummern der vorgestellten Textverarbeitungs- und Grafikprogramme sind in den Quellen und im Hauptdokument von [Template 10] für die Nachvollziehbarkeit genannt. Meist wird allerdings die Verwendung der neuesten Version von Vorteil sein.

Danksagung

Die Entstehung des vorliegenden Buches ist der Mithilfe vieler Menschen zu verdanken, die Ratschläge beigetragen oder den Text und die Inhalte korrigiert haben. Besonderen Dank verdienen Frau Agnes Herrmann und Herr Clemens Heine von der Springer-Redaktion, Frau Brigitte Maier und Frau Sabine Mehl vom Universitätsverlag Karlsruhe, meine Eltern Isolde und Heinz Gockel und meine Lebensgefährtin Ulla Scheich.

Danken möchte ich auch zwei Professoren, die meine Ausbildung wesentlich beeinflusst haben: Mein Doktorvater Herr Professor Rüdiger Dillmann hat durch die Freiheit, die er uns Assistenten gewährt und durch das Vertrauen, das er in unsere selbstständige Arbeit setzt, sowohl das vorliegende Buch als auch die zurückliegenden Buchveröffentlichungen erst möglich gemacht.

Die inhaltliche Grundlage wiederum ist die Zeit während meiner Studienarbeit in Saarbrücken unter der Betreuung von Herrn Professor Hilmar Jaschek.

Ich danke Herrn Professor Jaschek dafür, dass er uns Studenten damals mit besonderem Nachdruck und mit einem hohen zeitlichen Einsatz für die Korrekturen die Wichtigkeit der Form einer wissenschaftlichen Arbeit nahegebracht hat, obwohl er es mit uns sicherlich nicht immer leicht gehabt hat. Dafür möchte ich ihm diesen Leitfaden widmen.

Karlsruhe,   Tilo Gockel
den 26. Mai 2010

Hinweis

Die Informationen in diesem Buch werden ohne Rücksicht auf einen eventuellen Patentschutz veröffentlicht. Die erwähnten Soft- und Hardware-Bezeichnungen können auch dann eingetragene Warenzeichen sein, wenn darauf nicht gesondert hingewiesen wird. Sie gehören den jeweiligen Warenzeicheninhabern und unterliegen gesetzlichen Bestimmungen. Verwendet werden u. a. folgende geschützte Bezeichnungen: ActivePerl, Copernic Desktop Search, Google, Wikipedia, Microsoft Word, Office, Excel, Windows, Project, Adobe Acrobat, Adobe Reader, Adobe Photoshop, CorelDRAW, Corel PhotoPaint, Corel Paint Shop Pro, TeXaide.

Inhaltsverzeichnis

1 **Einführung** 1
   1.1 Aufbau und Kapitelübersicht 1
   1.2 Empfehlungen zum Gebrauch 2

2 **Grundlagen** 3
   2.1 Einleitung 3
   2.2 Recherche und Quellenverwaltung 4
   2.3 Online-Datenbanken 7
   2.4 Referenzieren und Zitieren 9
      2.4.1 Die Vielzahl der Styles 9
      2.4.2 Der UniKA-Style 10
      2.4.3 Wörtliches oder sinngemäßes Zitat... 12
   2.5 Schutzrechte 14
   2.6 Gute wissenschaftliche Praxis 18

3 **Aufbau und Gliederung einer Ausarbeitung** 23
   3.1 Einleitung 23
   3.2 Klassische Entwurfsmethoden 24
      3.2.1 Kausale oder dialektische Methode .. 24
      3.2.2 Induktive oder deduktive Methode... 24

　　　　　3.2.3　Chronologische Methode 25
　3.3　Entwurfsmethoden im technischen Bereich .. 25
　　　　　3.3.1　Top-down oder Bottom-up 25
　　　　　3.3.2　Laborbuch oder Handbuch 26
　　　　　3.3.3　Umsetzung in der Praxis 26
　3.4　Formale Regeln 27
　3.5　Erläutertes Beispiel 30
　3.6　Zeitliche Planung 33
　3.7　Schreibblockaden 33

4　**Werkzeuge** 35
　4.1　Einleitung 35
　4.2　Übersicht 36
　　　　　4.2.1　MiKTeX, TeXnicCenter und TeXaide 36
　　　　　4.2.2　Adobe Acrobat Professional* 39
　　　　　4.2.3　MS Word, MS Office* 41
　　　　　4.2.4　OpenOffice 43
　　　　　4.2.5　CorelDRAW, Visio und Konsorten* .. 45
　　　　　4.2.6　Photoshop, Paint Shop Pro,
　　　　　　　　Photo-Paint* 46
　　　　　4.2.7　Ghostscript und GSview 47
　　　　　4.2.8　Gnuplot, a2ps, pdfcrop 48
　4.3　Bewährte Toolchain 49

5　**Fallstricke, Tipps und Tricks** 53
　5.1　Einleitung 53
　5.2　Von MS Word zu Latex und zurück 53
　5.3　Bildauflösung: *ppi* und *dpi* 58
　5.4　Farbbilder im Schwarz-Weiß-Druck 61
　5.5　Wandernde Abbildungen 63
　5.6　Von Schusterjungen, Hurenkindern und
　　　Zwiebelfischen 65
　5.7　Silbentrennung 68

Inhaltsverzeichnis

- 5.8 Umbrüche in URLs 69
- 5.9 Formatierung von Programm-Listings und Snippets 70
- 5.10 Schrifteneinbettung 72
- 5.11 Gliederungsebenen 74
- 5.12 Zu kurz oder zu lang geratener Text 75
- 5.13 Anpassung des Satzspiegels 76
- 5.14 Schnittmarken für die Druckerei 78
- 5.15 Sicherungskopien 79
- 5.16 Versionsverwaltung 81
- 5.17 Book on Demand 81
- 5.18 Verwertungsgesellschaft VG Wort 84

6 Schlussbetrachtungen 85
- 6.1 Lektorat 85
- 6.2 Checkliste 86
- 6.3 Errata 89

A Rechtschreibung und Mikrotypografie 91
- A.1 Einleitung 91
- A.2 Die wichtigsten Regeln in Kürze 93
- A.3 Häufig verwendete Wörter nach der NDR... 100
- A.4 Gebräuchliche Abkürzungen 102
- A.5 Stil 106

B Korrekte Grafiken 109
- B.1 Einleitung 109
- B.2 Die wichtigsten Regeln in Kürze 109
- B.3 Beispiele 111

C Latex-Vorlagen 115
- C.1 Einleitung 115
- C.2 Verwendung 116

   C.2.1 Installation von MiKTeX,
      TeXnicCenter und Acrobat Reader... 116
   C.2.2 Latex-Templates 119
   C.2.3 BibTeX 121
   C.2.4 MakeIndex 121
 C.3 Inhalt des Archivs 122
 C.4 Lizenz 124

Literaturverzeichnis 125

Sachverzeichnis 137

1

Einführung

1.1 Aufbau und Kapitelübersicht

Das vorliegende Buch orientiert sich in der Abfolge der Kapitel am chronologischen Ablauf bei der Erstellung einer wissenschaftlichen Arbeit. Am Anfang steht die Recherche und das Wissen um Schutzrechte bzw. um eine „gute wissenschaftliche Praxis", näher erläutert in Kapitel zwei. Kapitel drei beschreibt Sinn und Aufbau einer guten Gliederung. Kapitel vier hilft bei der Auswahl und dem Zusammenspiel der Software-Tools. Im fünften Kapitel werden die erfahrungsgemäß immer wieder auftauchenden Probleme praxisnah angegangen. Das Buch schließt mit Kapitel sechs mit einigen Anmerkungen zur Korrektur der eigenen Arbeit und zur Behandlung der Errata im vorliegenden Text.

Abgesetzt sind die Anhänge, welche Listen bzw. Sammlungen von Regeln enthalten und somit voraussichtlich eher zum Nachschlagen verwendet werden: Anhang A enthält eine knapp gefasste Regelsammlung zur Rechtschreibung und Tabellen mit häufig verwendeten Wörtern und Abkürzungen. In Anhang B werden einige Regeln mit zugehörigen Beispielen für die Erstellung anschaulicher Vektorgrafiken aufgeführt. Anhang C erklärt die Verwendung der online verfügbaren Latex-Vorlage für Studien- und Diplomarbeiten [Template 10].

1.2 Empfehlungen zum Gebrauch

Der vorliegende Leitfaden ist nicht zu umfangreich, als dass er nicht zumindest oberflächlich einmal komplett durchgesehen werden könnte. Nachdem sich der Leser dieserart einen schnellen Überblick verschafft hat, wird er wahrscheinlich das Buch bei auftretenden Fragen oder Problemen gezielt als Ratgeber bzw. Nachschlagewerk verwenden. Dem Buch wurde hierfür ein umfassendes Sachverzeichnis mitgegeben, und es enthält auch ein besonders detailliertes Inhaltsverzeichnis, welches beim Nachschlagen bestimmter Sachverhalte diese dann auch im thematischen Umfeld aufführt.

Weiterhin findet der Leser wie bereits angesprochen eine Vorlage für eigene Arbeiten unter [Template 10]. Siehe hierzu auch Anhang C.

2

Grundlagen

2.1 Einleitung

Das Internet hat in den letzten Jahren für viele gravierende Veränderungen im Bereich des wissenschaftlichen Publizierens gesorgt. Auf der einen Seite sparen Online-Datenbanken oft bereits den Weg in die Bibliothek, und Online-Enzyklopädien ermöglichen einen raschen Einstieg in fast jedes Thema. Auf der anderen Seite wird das Übernehmen fremder Materialien immer häufiger durch Abmahnungen geahndet, und auch Plagiate fremder Inhalte sind mittlerweile ein nicht zu unterschätzendes Problem.

Im nachfolgenden Text wird in das Thema der Recherche und des Referenzierens eingeführt, es werden die wichtigsten Datenbanken genannt und Schutzrechte angesprochen.

T. Gockel, *Form der wissenschaftlichen Ausarbeitung*,
eXamen.press, 2nd ed., DOI 10.1007/978-3-642-13907-9_2,
© Springer-Verlag Berlin Heidelberg 2010

2.2 Recherche und Quellenverwaltung

Mittlerweile beginnt wohl jede Recherche bei Google und Wikipedia. Diese zwei Websites ermöglichen einen besonders raschen und effizienten Einstieg in das Thema, der Autor sollte hierbei aber stets die Qualität des gefundenen Materials infrage stellen: Wie alt ist die Quelle? Wer ist der Autor? Wurde der Inhalt zuvor in Papierform veröffentlicht? Handelt es sich um eine höherwertige und langlebigere PDF-Quelle[1] oder nur um eine vergleichsweise vergängliche HTML-Quelle?

Wenn nach einer kurzen Sichtung nun die ersten Inhalte vorliegen, so ist es sinnvoll, diese wohlgeordnet und quellverwaltet abzulegen. Als nützlich hierfür hat sich beispielsweise JabRef erwiesen [Alver 10], ein freies und plattformunabhängiges Tool, das aus dem Quellenfundus auch direkt eine Latex-Bibliografie[2] erzeugen kann (vgl. Abbildung 2.1).

Weiterhin sollte begleitend zur Recherche als *Terminologie* ein Textdokument mitgeführt werden, in welchem formlos Datum, Ort der Suche und recherchierte Schlüsselwörter festgehalten sind.

Der Vorteil dieser Vorgehensweise ist, dass hiermit die Recherche über die Laufzeit der Arbeit sowohl reproduzierbar als auch immer differenzierter wird.

---

[1] Zusatz zum Suchtext in Google: filetype:pdf.
[2] Latex wird tatsächlich LaTeX oder LaTeX geschrieben. Um das Auge nicht zu ermüden wird hier aber „Latex" beibehalten.

2.2 Recherche und Quellenverwaltung 5

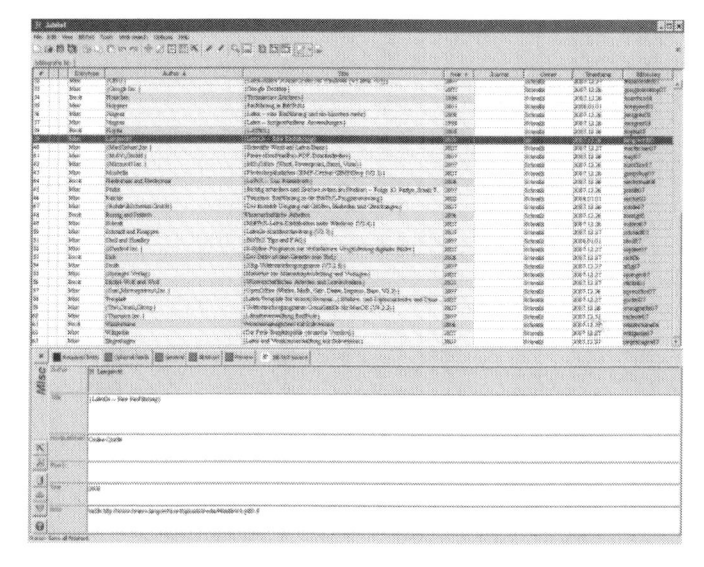

Abb. 2.1. Screenshot: Literaturverwaltungsprogramm JabRef [Alver 10].

Ein kurzes Beispiel (gut geeignet auch als Übung):

Terminologie für die Internetrecherche für eine Seminararbeit zum Thema „Kamerakalibrierung"

07-04-01 Google
Kamerakalibrierung, camera calibration
// Es folgt die intensive Sichtung der Inhalte und
// es zeigt sich, dass in den wertvollen Quellen
// wiederholt bestimmte weitere Termini auftauchen:

07-04-02 Google
camera, calibration pattern, calibration rig, model, distortion
// Die Ergebnisse sind bereits besser, aber noch ein wenig diffus.
// Es zeigt sich mittlerweile aber auch, dass in den wertvollen Quellen
// immer wieder die gleichen Autoren referenziert werden.
// Weiterhin wird nun die Recherche auf die hochwertigeren
// PDF-Quellen eingeschränkt:

2 Grundlagen

07-04-04 CiteSeer
zhengyou zhang, tsai, "camera calibration" filetype:pdf
// An dieser Stelle reicht Umfang und Qualität des Materials
// mit Sicherheit aus, weiterhin ist die Recherche nun
// jederzeit nachvollziehbar.

// Wir können noch eine Stufe weitergehen, z. B. für eine Diplomarbeit:
// die Suche nach einer Implementierung des Verfahrens:

07-04-05 Google
open source
// liefert als Quelle u. a. sourceforge.net

07-04-05 sourceforge.net
zhang matlab opencv "camera calibration"

(Anm.: Hierbei sollten die Schlüsselwörter im Fettdruck nicht gemeinsam, sondern einzeln bzw. in verschiedenen Konstellationen eingegeben werden.)

Um sich einen fundierten Überblick zu einem bestimmten Thema zu verschaffen, ist weiterhin die Sichtung der Literaturangaben in den bisher gefundenen Quellen wichtig; es entsteht ein Schneeballeffekt.

Mit einer sauber geführten Terminologie liegt nun die Historie der Recherche nachvollziehbar vor, und mit den Inhalten einer Literaturdatenbank wie z. B. [Alver 10] sind auch die Ergebnisse in Form von Titel, Autor und Erscheinungsort festgehalten. Es fehlt nur noch die Möglichkeit einer Volltextsuche über die gesammelten und abgelegten Veröffentlichungen auf dem lokalen Rechner.

Da die Dokumente meist im binären PDF-Format vorliegen, versagen hier die Tools des Betriebssystems. Es kann aber beispielsweise die Google-Desktop- oder Copernic-Desktop-Suche eingesetzt werden [Google Inc. 10, Copernic Inc. 10].

2.3 Online-Datenbanken

Google und Wikipedia sind nicht die einzigen Recherchemöglichkeiten im Internet. Für einen Einstieg sind in der nachfolgenden Liste die wichtigsten Online-Literaturdatenbanken zusammengestellt. Ein Großteil dieser Datenbanken ist frei zugänglich, ein (*) in der Liste deutet darauf hin, dass die Datenbank kostenpflichtig bzw. zugangsgeschützt ist.

Viele Hochschulen abonnieren diese kostenpflichtigen Datenbanken wie IEEE Xplore und Springer-Link und ermöglichen damit den freien Zugang über PCs im internen Netzverbund.

ACM* The ACM Digital Library. URL: <http://portal.acm.org/dl.cfm>.

arXiv Cornell University Library: Electronic Archive and Distribution Server for Research Articles. URL: <http://arxiv.org>.

BASE Bielefeld Academic Search Engine. Dissertationen stellen hier einen Schwerpunkt dar. URL: <http://www.base-search.net>.

CiteSeer IST Scientific Literature Digital Library. URL: <http://citeseer.ist.psu.edu>.

DEPATISnet Die deutsche Patent-Datenbank. URL: <http://depatisnet.dpma.de/DepatisNet>.

Google Büchersuche Suchmöglichkeit in Buchtexten mit Google. URL: <http://books.google.de>.

Google Codesearch Für Programmierer: Quelltext-Suche mit Google. URL: <http://www.google.de/codesearch>.[3]

Google Patents Patentsuche mit Google, URL: <http://www.google.de/patents>.

Google Scholar „Auf den Schultern von Giganten". Seminararbeiten, Magisterarbeiten, Dissertationen, Veröffentlichungen. URL: <http://scholar.google.de>.

IEEE Xplore* Technical literature in electrical engineering and computer science. URL: <http://ieeexplore.ieee.org>.

IO-Port* Fachinformationszentrum FIZ Karlsruhe. URL: <http://www.io-port.net>.

KVK Karlsruher Virtueller Katalog der Universitätsbibliothek Karlsruhe: Weltweites Bibliotheksportal. URL: <http://www.ubka.uni-karlsruhe.de/kvk.html>.

Scirus Science-specific search engine. URL: <http://www.scirus.com/srsapp>.

Springer-Link* Die Online-Datenbank des Springer-Verlages. URL: <http://www.springerlink.com/content/>.

USPTO United States Patent and Trademark Office. URL: <http://www.uspto.gov/patft>.

---

[3] Vgl. das vorstehende Beispiel zur Terminologie: Auch bei Google Codesearch wäre man hinsichtlich einer Implementierung der Kamerakalibrierung fündig geworden.

2.4 Referenzieren und Zitieren

2.4.1 Die Vielzahl der Styles

Zur Formatierung der Literaturreferenzen existiert eine Vielzahl verschiedener Styles. So haben sowohl die unterschiedlichen Fachrichtungen wie Biologie, Medizin, Mathematik oder Germanistik als auch teilweise die verschiedenen Hochschulen ihre eigenen Formate; [Rossig 06] spricht hier sogar von mehr als 1 000 (!) gebräuchlichen Zitierstilen.

Im unten stehenden Text ist zur Veranschaulichung der einfachste Fall – die Monografie[4] – als Referenz in einigen unterschiedlichen Stilen formatiert [Rossig 06, Springer-Verlag 07, DIN 1505 84].

Harvard Style: Salinger, JD 1989, Der Fänger im Roggen, 45th edn, Rowohlt Tb., Reinbek bei Hamburg.

APA Style: Salinger, J.D. (1989). Der Fänger im Roggen. (45th ed). Reinbek bei Hamburg: Rowohlt Tb.

MLA Style: Salinger, Jerome D. Der Fänger im Roggen. 45th ed. Reinbek bei Hamburg : Rowohlt Tb., 1989.

DIN 1505 Teil 2: SALINGER, Jerome D.: *Der Fänger im Roggen*. Reinbek bei Hamburg : Rowohlt Tb., 1989. – ISBN 3 499 10851 8

Wie soll man sich als Autor in diesem Wirrwarr zurechtfinden? Die einfachste Möglichkeit ist, den Style einer Vorlage

---

[4] Vollständige Abhandlung über einen einzelnen Gegenstand, meist als Arbeit eines einzelnen Autors.

zu entnehmen bzw. einen der BibTeX-Styles[5] zu verwenden. So ist auch der mittlerweile recht verbreitete Style an unserem Fachbereich der Informatik entstanden (vgl. Abschnitt 2.4.2). Die Vorlage hierfür war der Stanford-BibTeX-Style von Oren Patashnik, dieser wurde dann über die Jahre immer weiter für die deutsche Sprache hinsichtlich Interpunktion, Groß- und Kleinschreibung und anderer Details angepasst [Gerteis 07]. Der BST-Style und die im vorliegenden Buch verwendete Literaturdatenbank sind erhältlich unter [Template 10]. Zur Eingabe und Verwaltung der Quellen wurde das bereits angesprochene Programm JabRef verwendet, welches Latex-BIB-Dateien direkt lesen und schreiben kann [Alver 10].

2.4.2 Der UniKA-Style

Buch und Monografie (BibTeX: Book)

[Nachname-des-Erstautors Jahr] Vornameinitial. Nachname, Vornameinitial. Nachname. Vollständiger Titel. Verlagsname, Verlagsort, *optional:* xx. Auflage, Jahr.

[Baggott 07] J. Baggott. Matrix oder wie wirklich ist die Wirklichkeit. Rowohlt-Verlag, Reinbek bei Hamburg, 2007.

[Gerthsen 86] C. Gerthsen, H.O. Kneser, H. Vogel. Physik. Springer-Verlag, Heidelberg, 16. Auflage, 1986.

---

[5] BibTeX ist ein Programm zur Erstellung von Literaturverzeichnissen mit Latex, vgl. [Wikipedia 10, „BibTeX"] und Anhang C.

Konferenzbeitrag (BibTeX: InProceedings)

[Nachname-des-Erstautors Jahr] Vornameinitial. Nachname, Vornameinitial. Nachname. Vollständiger Titel. Tagungsband: Proceedings of the Name-der-Konferenz (*optional:* Konferenz-Kurzbezeichnung), Seiten Seitenzahl–Seitenzahl, Ort, Land, Jahr.

[Azarm 96] K. Azarm, G. Schmidt. A decentralized approach for the conflict-free motion of multiple mobile robots. Tagungsband: Proc. of the IEEE Int. Conf. on Intelligent Robots and Systems (IROS), Seiten 1667–1674, Osaka, Japan, 1996.

Zeitschriftenbeitrag (BibTeX: Article)

[Nachname-des-Erstautors Jahr] Vornameinitial. Nachname, Vornameinitial. Nachname. Vollständiger Titel. Name-der-Zeitschrift (*optional:* Kurzbezeichnung), Jahrgang/Band/Volume(Nummer/Heft):Seitenzahl–Seitenzahl, Jahr.

[Bleymehl 96] J. Bleymehl, R. A. Krohling, T. Gockel. Tuning a PID-Controller Using Genetic Algorithms. Int. Journal on Automation, Robotics and Control (aurocon), 1(1):23–29, 1996.

Online-Quelle (BibTeX: Miscellaneous)

[Name Jahr] Vornameinitial. Nachname/Firmenname (optional: Firmensitz/Ort). Vollständiger Titel/Produktname. Online-Quelle. `<http://www.xyz.com>`, Datum-der-letzten-Sichtung.

[Erbsland 07] T. Erbsland. Diplomarbeit mit Latex. Online-Quelle. <http://dml.drzoom.ch>, 2007.12.26.

[Springer-Verlag 07] Springer-Verlag. Hinweise zur Manuskriptersterstellung und Vorlagen. Online-Quelle. <http://www.springer.com/dal/home/authors/book+authors>, 2007.12.27.

[Wikipedia 07] Wikipedia. Die freie Online-Enzyklopädie (deutschsprachige Version). Online-Quelle. <http://de.wikipedia.org>, 2007.12.12.[6]

2.4.3 Wörtliches oder sinngemäßes Zitat

Beim wörtlichen bzw. direkten Zitat wird ein Textabschnitt aus der Quelle 1:1 übernommen. Der Text ist in Hochkommata zu fassen, Rechtschreibung und besondere Schreibweisen sind beizubehalten, Quelle und Ergänzungen durch den Autor der Ausarbeitung werden in eckige Klammern gesetzt. Ein Beispiel:

(...) So legt Hans Hoischen fest: „Die Paßtoleranz $[P_T]$ ist die Differenz von Höchstpassung und Mindestpassung und ist zugleich die Summe der Maßtoleranzen von Innen- und Außenpaßfläche." [Hoischen 88, S. 155]

Beim sinngemäßen bzw. indirekten Zitat wird der Sachverhalt mit den eigenen Worten und der eigenen Nomenklatur bzgl. Symbolen in Gleichungen u. ä. wiedergegeben. Die inhaltliche Quelle wird am Ende des Absatzes in eckige Klammern gesetzt. Beispiel:

---

[6] Bei Wikipedia kann der direkte Verweis auf den unveränderlichen Link, den sog. Permanentlink, sinnvoll sein (im Wikipedia-Menü unter *Werkzeuge*).

2.4 Referenzieren und Zitieren

(...) Die Methode der kleinsten Fehlerquadrate (engl.: Least Squares Method) ist ein mathematisches Standardverfahren zur Ausgleichungsrechnung [Gauß 1801].

Wenn man auf eine eigene, anschauliche Schilderung eines Sachverhaltes[7] besonders stolz ist, dieser aber grundsätzlich bereits in der Literatur bekannt ist, so gibt es noch die Möglichkeit des etwas entschärften Zitates aus der Sekundärliteratur. Beispiel:

(...) Die Methode der kleinsten Fehlerquadrate (engl.: Least Squares Method) ist ein mathematisches Standardverfahren zur Ausgleichungsrechnung (vgl. hierzu auch beispielsweise [Bronstein 89]).

Im gewählten Beispiel ist ein weiterer Vorteil dieser Quellenwahl, dass der Bronstein leicht für jedermann zugänglich ist, die Primärquelle von Gauß (die *Disquisitiones Arithmeticae*) aber im Museum liegt und außerdem in Latein verfasst ist.

Wenn aber die Primärquelle gut erhältlich und verständlich ist, so ist das Zitat der Primärquelle immer vorzuziehen. Zu tiefgründigeren Ausführungen zum korrekten Zitieren vgl. auch beispielsweise [Wikipedia 10, „Zitat"].

---

[7] Beispielsweise eine mathematische Herleitung.

2.5 Schutzrechte

Die gute Verfügbarkeit von Text- und Bildmaterial aus dem Internet lässt manches Mal vergessen, dass dieses Material einen Urheber hat und somit einem Urheberrecht unterliegt. In jüngster Zeit wurde dies wiederholt in Erinnerung gerufen durch die Abmahnwellen: Anbieter bei Ebay hatten Fotomaterial von Hersteller-Websites zur Bewerbung ihrer Produkte verwendet, Website-Betreiber hatten Anfahrtspläne von einer Landkarten-Website entnommen usw. Weiterhin wird mittlerweile auch das Thema aus dem Internet übernommener schulischer oder studentischer Arbeiten in der Presse diskutiert.

Das deutsche Urheberrecht regelt den Umgang mit Zitaten nach Urhg §51 [Bundesgesetzblatt 10, Teil I, Nr. 54]. Leicht umformuliert zum besseren Verständnis lautet der Gesetzestext wie folgt [Menche 06]:

„Zitieren ist erlaubt, wenn folgende Voraussetzungen erfüllt sind (The big five):

1. Das Zitat wird in ein eigenes, selbstständiges Werk übernommen.

2. Das Zitat erfüllt einen Zitatzweck, zum Beispiel Erläuterungsfunktion.

3. Das Zitat bewegt sich im gebotenen Rahmen.[8]

4. Das zitierte Werk ist bereits erschienen beziehungsweise veröffentlicht.

5. Das Zitat ist mit einer Quellenangabe versehen."

---

[8] Eine häufig zu lesende Faustregel lautet: maximal eine halbe Seite. Diese Angabe basiert aber nicht auf dem Gesetzestext.

2.5 Schutzrechte

Zur Kenntlichmachung von Zitaten und zu Quellenangaben vgl. Abschnitt 2.4. Zu weiterführenden Informationen, beispielsweise zu Bildquellen, vgl. auch [Wikipedia 10, „Urheberrecht", „Zitat", „Bildrechte"].

Aber die Beschränkungen können noch weiter reichen. So unterliegt z. B. das Bildmaterial bei Wikipedia der sog. *GNU Free Documentation License* [Wikipedia 10, „GNU-Lizenz für freie Dokumentation"]. Diese Lizenz besagt, dass ein Autor dieses „freie" Material zwar verwenden darf, dass damit dann aber automatisch auch sein Werk dieser Lizenz unterliegt (man spricht hier auch vom *GNU-Virus*).

An unserem Institut hat sich die inoffizielle Praxis eingebürgert, dass für Seminar-, Studien- und Diplomarbeiten alles verwendet werden darf, wenn die Quellen und Bildquellen genannt werden. Der Hintergrund hierbei ist, dass diese Arbeiten keine ISBN- oder ISSN-Nummer tragen, also nicht im eigentlichen Sinne veröffentlicht werden. Für Fachbücher gilt die offizielle Regel, dass für die Verwendung fremden Bildmateriales immer eine schriftliche Genehmigung des Urhebers eingeholt werden muss.

Dissertationen bewegen sich in einer Grauzone dazwischen, sie tragen zwar eine ISBN-Nummer, erreichen aber nur eine vergleichsweise kleine Leserschaft (wo kein Leser, da kein Kläger, da kein Richter).

Schlussendlich erspart man sich viel Mühe und Ärger, wenn man zumindest das Bildmaterial grundsätzlich entweder selbst anfertigt bzw. nachfertigt oder für ein paar Euro aus einer kommerziellen Bilddatenbank bezieht.

2 Grundlagen

Es folgen einige Beispiele für kommerzielle Bilddatenbanken:

<http://de.fotolia.com>
<http://photocase.com/de>
<http://istockphoto.com>
<http://www.gettyimages.com>

Auch dieses Bildmaterial ist zu referenzieren. So schreibt bspw. die Bildagentur Fotolia vor, dass der Name des Urhebers in folgender Form unter oder neben dem Bild oder in einem Bildquellenverzeichnis aufgeführt werden soll: *Vorname Nachname (c) Fotolia.com*.

Anzumerken ist, dass das genannte Urheberrecht natürlich nicht nur fremdes Eigentum, sondern auch die eigenen Werke schützt. So sind die Rechte von Studienarbeitern, Diplomanden und Promovenden an ihren Werken festgelegt wie folgt [Universität Karlsruhe 10][9].

1. „Die in einer Diplomarbeit enthaltenen wissenschaftlichen Erkenntnisse sowie dort entwickelte Theorien sind als solche grundsätzlich frei und unterliegen keinen Schutzrechten. Werden sie in einer anderen Veröffentlichung verarbeitet, so muss die Herkunft allerdings durch Angabe der Fundstelle belegt werden.

2. Die Universität hat aufgrund der prüfungsrechtlichen Vorschriften einen Anspruch auf das Original der Diplomarbeit. Dieser Anspruch bezieht sich jedoch nur auf das körperliche Eigentum an der Arbeit und auf deren Verwendung zu den in der Diplomprüfungsordnung festgelegten Zwecken. Das Urheberrecht sowie die

---

[9] Der dortige Text wiederum ist entnommen aus dem Merkblatt [MWK-BW 01].

2.5 Schutzrechte

daraus resultierenden Verwertungs- und Nutzungsrechte stehen allein dem Diplomanden als dem Verfasser der Diplomarbeit zu. Die Universität, der Betreuer/-Prüfer oder Dritte können Nutzungsrechte an der Diplomarbeit nur erwerben, wenn der Verfasser ihnen solche einräumt. Eine Verpflichtung hierzu besteht nur dann, wenn sie vertraglich vereinbart wurde.

3. Die von allen einschlägigen Prüfungsordnungen geforderte selbstständige Bearbeitung des Themas einer Diplomarbeit schließt das Entstehen eines Miturheberrechtes des betreuenden Professors selbst dann aus, wenn von diesem (wesentliche) Anregungen für die Arbeit gegeben wurden. Eine Betreuungsleistung, die einen urheberrechtlich relevanten Beitrag darstellte, wäre mit dem Wesen einer Diplomarbeit als Prüfungsleistung nicht vereinbar.

4. Wird in einer Diplomarbeit eine neue technische Idee durch Abhandlung oder Zeichnung dargestellt, so kommt der für Erfindungen maßgebliche Patentschutz in Betracht, der eine Anmeldung nach den Bestimmungen des Patentgesetzes voraussetzt. Hierbei ist zu beachten, dass ein Patentschutz nur möglich ist, solange die Erfindung nicht der Öffentlichkeit zugänglich ist. Die Patentanmeldung muss ggf. also vor einer Veröffentlichung der Diplomarbeit erfolgen.

5. Die alleinige Urheberschaft des Diplomanden an seiner Diplomarbeit schließt nicht in jedem Falle aus, dass aus patentrechtlicher Sicht der Betreuer (Mit-)Erfinder ist. Beantragt der Betreuer seinerseits den Patentschutz für eine in einer Diplomarbeit enthaltene Erfindung, so sollte er rechtzeitig vor der Anmeldung den Diploman-

den darüber informieren, dass diesem ebenfalls ein (gemeinschaftliches) Recht auf das Patent zustehen kann.
6. Da Diplomanden als solche nicht Arbeitnehmer sind, unterliegen sie nicht dem Gesetz über Arbeitnehmererfindungen. Sie sind daher als freie (Mit-)Erfinder Träger des patentrechtlichen Schutzes."

2.6 Gute wissenschaftliche Praxis

Der Begriff der „guten wissenschaftlichen Praxis" wurde vor einigen Jahren von der Deutschen Forschungsgemeinschaft geprägt [DFG 98, „Vorschläge zur Sicherung guter wissenschaftlicher Praxis"].

Die möglichen Verfehlungen sind knapp zusammengefasst die folgenden (vgl. auch [Wikipedia 10, „Betrug und Fälschung in der Wissenschaft"] und die dortigen Quellen):

- Das vorsätzliche Veröffentlichen unwahrer Behauptungen.
- Die Fälschung von Versuchsergebnissen.
- Das Weglassen von Versuchsergebnissen.
- Die suggestive bzw. tendenziöse Berichterstattung.
- Das Plagiatieren fremder Arbeiten.
- Das Plagiatieren eigener Arbeiten (Selbstplagiat oder Autoplagiat, vgl. z. B. [Collberg 03]).
- Der Vertrauensbruch als Gutachter oder Vorgesetzter.

2.6 Gute wissenschaftliche Praxis

- Die unzureichende Dokumentation der eigenen Arbeit bzw. der eigenen Versuche, sodass ein Nachvollziehen erschwert oder unmöglich gemacht wird.

- Das Handeln entgegen der wissenschaftlichen Ethik (im Moment ist dies beispielsweise in der Genforschung bes. relevant [Wikipedia 10, „Wissenschaftsethik"]).

Zur Vermeidung dieses Fehlverhaltens spricht die DFG im o. g. Dokument einige Empfehlungen aus. Zusammengefasst lauten diese:

- An jedem Forschungsinstitut soll ein Regelwerk zum Schutze der guten wissenschaftlichen Praxis festgelegt und bekannt gemacht werden.

- Die Versuchsreihen und Ergebnisse sind sorgfältig in Laborbüchern zu dokumentieren, und diese sind mitsamt den zugehörigen Primärdaten aus den Versuchsreihen über mind. acht Jahre zu archivieren.

- Die Versuchsumgebung soll möglichst präzise beschrieben werden, um den Versuch und die Ergebnisse auch für andere Forscher nachvollziehbar zu machen.

- Es soll eine unabhängige Kontroll- und Vertrauensinstanz an den Forschungsinstitutionen eingerichtet werden, welche durch die Einführung möglicher Sanktionen, beispielsweise der Streichung von Fördergeldern, Einfluss erlangt und Qualität sichert.

- Die weitverbreitete sog. Ehrenautorschaft ist auszuschließen, d. h., alle Autoren auf einer Veröffentlichung tragen die volle Verantwortung.

- Die Antragsrichtlinien für Förderprojekte sind klar(er) auszuarbeiten.

Der größere Teil der möglichen Verfehlungen und der empfohlenen Schritte betreffen eher den wissenschaftlichen Mitarbeiter oder die Institutsleitung, als den Diplomanden oder Seminaristen.

2.6 Gute wissenschaftliche Praxis

Das Problem des *Plagiats* betrifft aber sehr wohl auch (und zwar in wachsendem Maße) studentische Arbeiten.[10]

Eine einfache Empfehlung hierzu: Betreuer studentischer Arbeiten können mit der Aufnahme des nachfolgenden, zu unterzeichnenden Textblocks in die Ausarbeitung die Studenten nochmals besonders sensibilisieren und vermeiden damit auch spätere Diskussionen (ähnlich in: [Wikipedia 10, „Plagiat"]).

Max Mustermann
Musterstraße 19a
12345 Musterstadt

Hiermit erkläre ich, dass ich die von mir vorgelegte Arbeit selbstständig verfasst habe, dass ich die verwendeten Quellen, Internet-Quellen und Hilfsmittel vollständig angegeben habe und dass ich die Stellen der Arbeit – einschließlich Tabellen, Karten und Abbildungen –, die anderen Werken oder dem Internet im Wortlaut oder dem Sinn nach entnommen sind, auf jeden Fall unter Angabe der Quelle als Entlehnung kenntlich gemacht habe.

Musterstadt, den 1. Dezember 2020

(Unterschrift)
_____
Max Mustermann

Weiterhin ist es ab einer gewissen Anzahl entlehnter Bilder auch sinnvoll, die Literaturliste und die Bildquellenliste in zwei Anhänge aufzutrennen. Bei Bildern erfolgt dann der Zusatz „Bildquelle" und damit der Verweis auf diese zweite Liste. Beispiel für eine Abbildungsunterschrift mit Bildquelle: Abb. 12.12: Selbstbildnis Leonardo da Vincis (Bildquelle: [wissen.de 10, „Leonardo da Vinci"]).

---

[10] Wie man Plagiate erkennen kann wird ausführlich beschrieben unter [Weber-Wulff 10].

3

Aufbau und Gliederung einer Ausarbeitung

3.1 Einleitung

„Im Zusammenhang mit wissenschaftlichen Arbeiten ist eine Gliederung ein auf sprachlichen und mathematischen Symbolen beruhendes Aussagensystem, das aufzeigt, wie ein Gesamtthema in Teilthemen unterteilt wird, in welches Verhältnis die übergeordneten bzw. gleichgeordneten Teilthemen zueinander gestellt werden und in welcher Reihenfolge und relativen Bedeutung diese Themen behandelt werden." [Stickel-Wolf 01]

Im nachfolgenden Text werden Entwurfsmethoden für den Aufbau einer Ausarbeitung beschrieben, und es werden Grundregeln zur Gliederung erklärt.

3.2 Klassische Entwurfsmethoden

3.2.1 Kausale oder dialektische Methode

In der humanistischen Bildung existieren für die Erörterung wissenschaftlicher Probleme die Ansätze der kausalen und der dialektischen Methode. Bei der Anwendung der kausalen Methode werden Ursachen und ihre Wirkungen untersucht, erklärt und systematisiert. Bei der Weiterführung dieser Methode gelangt man zur sog. Kausalkette.

Die dialektische Methode beruht auf dem Prinzip *These – Antithese – Synthese*. Die These stellt hierbei den eigenen Standpunkt dar, den man zu einer Fragestellung einnimmt; sie ist damit auch das Ziel der Argumentation. Die gegenteilige Einstellung ist die sog. Antithese. In der dialektischen Erörterung werden nun mögliche Argumente zu These und Antithese gesammelt, ausgeführt und möglichst objektiv abgewogen. Das hierdurch begründete Ergebnis ist die sog. Synthese [Wikipedia 10, „Dialektik, Antithese, Argument"].

Anwendung finden diese Methoden vor allem in den Fachbereichen der Philosophie, Theologie, Politologie und Philologie. Für technische Fachrichtungen spielen sie eine eher untergeordnete Rolle.

3.2.2 Induktive oder deduktive Methode

Die Argumentation nach der induktiven Methode verläuft vom Speziellen zum Allgemeinen bzw. von der Beobachtung oder dem Versuch zum übergeordneten Modell. Aus Beobachtungen heraus wird eine Feststellung abgeleitet.

Die deduktive Methode geht den umgekehrten Weg, also vom Allgemeinen zum Speziellen [Wikipedia 10, „Argument"].

Gerade in naturwissenschaftlichen Fachbereichen wird die induktive Entwurfsmethode häufig angewandt, um aus den Ergebnissen der Versuchsreihen und aus anderen Beobachtungen zu einer Modellbildung zu gelangen. Genauso ist hier aber auch die Anwendung der deduktiven Methode möglich, um diese Beobachtungen mittels bereits vorhandener Modelle zu bewerten und einzuordnen.

3.2.3 Chronologische Methode

Die chronologische Methode der Erörterung orientiert sich im Ablauf und in der Gliederung am zeitlichen Ablauf geschichtlicher Ereignisse. Entsprechend findet diese Methode hauptsächlich in den Fachbereichen der Geschichte und der Philosophie Anwendung.

3.3 Entwurfsmethoden im technischen Bereich

3.3.1 Top-down oder Bottom-up

Im technischen Bereich der Informatik oder der Ingenieurswissenschaften werden weitere Entwurfsmethoden angewandt, die von den vorgestellten klassischen Methoden abweichen. So kann man beispielsweise zuerst ein abstraktes, übergeordnetes Rahmenwerk vorgeben und dann von diesem ausgehend immer feiner strukturieren (Top-down).

Oder man kann zuerst die kleineren, aber grundlegenden Probleme lösen bzw. die kleinen Module bearbeiten und diese erzielten Fortschritte dann in einen Gesamtrahmen einarbeiten (Bottom-up).

Die Top-down- und die Bottom-up-Entwurfsmethode werden fast immer parallel angewandt.

3.3.2 Laborbuch oder Handbuch

Des Weiteren gibt es auch die Möglichkeit, die Arbeit chronologisch zu strukturieren[1]. Sie hat dann Tagebuch- bzw. Laborbuch-Charakter und dient als begleitende Beschreibung der Arbeiten. Ein hierzu konkurrierender Aufbau ist das Handbuch (engl.: Manual), welches die Ergebnisse der Arbeit systematisch aus Anwendersicht, statt chronologisch aus Beobachtersicht dokumentiert.

3.3.3 Umsetzung in der Praxis

In der Praxis wird man für eine Arbeit aus dem technischen Bereich die verschiedenen Ansätze mischen. Meist wird ein abstraktes Gerüst vorgegeben (Top-Down), in welchem dann nach und nach die Einzelabschnitte bearbeitet und gefüllt werden (Bottom-Up). Die Arbeiten haben oft tatsächlich einen Laborbuch- bzw. Tagebuchcharakter, was nicht zuletzt an der Zeitform ersichtlich ist: Der Text wird im Präsens verfasst und scheint die Labor- und Implementierungsarbeit zu begleiten. Erst in den letzten Kapiteln

---

[1] Nicht zu verwechseln mit der chronologischen Methode, welche sich am zeitlichen Ablauf geschichtlicher, also zurückliegender Ereignisse orientiert.

wechselt der Autor zur Vergangenheitsform, um die erzielten Ergebnisse im Rückblick zu bewerten (Bsp.: „In der vorliegenden Arbeit wurde ein Verfahren entwickelt, welches ... ").

Oft wird weiterhin vom Betreuer gefordert, dass die Arbeit auch als Handbuch bzw. Aufbau- und Bedienungsanleitung zur Implementierung genutzt werden kann. Hierfür können im Anhang Datenblätter und Quellcode-Ausschnitte beigefügt werden, und auch ein kurzer Anhang zur Benutzerführung ist oft hilfreich [Template 10].

3.4 Formale Regeln

- Die Bestandteile einer Gliederung sollten zumindest im Kerntext in der Größenordnung einen ähnlichen Umfang aufweisen (Einführung, Schlussbetrachtung und Anhänge sind hiervon ausgenommen). Weiterhin sollten Unterpunkte, die in der gleichen Gliederungsebene stehen, auch den gleichen Stellenwert besitzen.

- Die Gliederungspunkte werden in substantivierter Form und ohne weitere Satzzeichen geschrieben. Sie werden also auch nicht als Frage oder Aussage formuliert. Beispiel:

Ungünstig:
1. Was ist Meteorologie?
2. Wie entstehen Wolken?
3. Unser Wetter wird immer schlechter!

Besser:
1. Meteorologie
2. Wolkenbildung
3. Wetterveränderung

- Alleinstehende Abschnitte sind zu vermeiden. Sie widersprechen dem Grundgedanken der Gliederung, dass die einzelnen Abschnitte das Kapitel weiter gliedern bzw. zerteilen. Beispiel:

Ungünstig:
2. Grundlagen
2.1 Algorithmik
3. Implementierung

Besser:
2. Algorithmische Grundlagen
3. Implementierung

- Die Abschnittsüberschriften sollen die Kapitelüberschrift nicht nur wiederholen, sondern sollen auch sinnvoll zur Gliederung beitragen. Beispiel:

Ungünstig:
5. Hard- und Software
5.1 Hardware
5.2 Software

Besser:
5. Systementwurf
5.1 Hardware
5.2 Software

- Wenn ein Gliederungspunkt in Unterpunkte aufgeteilt ist, so sollen diese den Inhalt auch vollständig und restfrei abdecken. Beispiel:

3.4 Formale Regeln

Ungünstig:
5. Systementwurf
Textblock ...
5.1 Hardware
5.2 Software

Besser:
5. Systementwurf
5.1 Einleitung
5.2 Hardware
5.3 Software

Erlaubt ist allerdings ein einführender kurzer Text. Beispiel zu oben: „Im vorliegenden Kapitel zum Systementwurf wird die Konzeption der System-Hardware und -Software vorgestellt und erklärt."

- Die Gliederung muss durchgängig logisch sein. Beispiel:

Ungünstig:
5. Zielgruppen
5.1 Europa
5.2 Amerika
5.3 Die weibliche Bevölkerung

Besser:
5. Zielgruppen
5.1 Geografische Lage
5.1.1 Europa
5.1.2 Amerika
5.2 Geschlecht

- Die Tiefe der Gliederung sollte im Idealfall nicht über drei Ebenen hinausgehen (Bsp.: 3.2.1). In Latex bedeutet dies eine Gliederung über Chapter, Section und Subsection, weitere Gliederungsebenen werden zumindest in der Voreinstellung auch nicht in das Inhaltsverzeichnis aufgenommen (vgl. hierzu auch Abschnitt 5.11).

Wenn die Versuchung zu groß wird, so sollte die gewählte Gliederungshierarchie überdacht werden, danach kann man dann immer noch Subsubsections verwenden.

- Abschnittsüberschriften, die keine Gliederungsnummer tragen, aber auch keiner Aufzählung angehören, sind zumindest verdächtig. Hier liegt der Verdacht nahe, dass der Autor quasi „durch die Hintertür" eine weitere Gliederungsebene einführt. Unter Umständen ist es dann von Vorteil, einige Gliederungspunkte höher zu stufen.

3.5 Erläutertes Beispiel

Ein Beispiel für die Gliederung einer technischen Arbeit findet sich als PDF-Datei und als Latex-Quelltext zum freien Download unter [Template 10]. Hier sind auch exemplarisch die Verzeichnisse und einige Anhänge beigefügt. Im weiteren Text werden die einzelnen Gliederungspunkte näher beleuchtet.

Deckblatt: Bei der Gestaltung des Deckblatts gehen die Institute eigene Wege. Entsprechend muss sich der Autor über die Richtlinien und Gepflogenheiten informieren bzw. einige Beispiele einholen.

Eidesstattliche Erklärung: Hier gilt das Gesagte. Falls keine Richtlinien existieren, kann auch der Textblock aus Abschnitt 2.6 verwendet werden.

3.5 Erläutertes Beispiel

Danksagung: Die Danksagung an den Betreuer, die Lektoren, die Eltern usw. ist bei manchen Instituten bereits bei Diplomarbeiten üblich; bei eher technisch orientierten Einrichtungen bewahrt man sich dies allerdings für die Dissertation auf. Hier sind entsprechend die Gepflogenheiten zu prüfen.

Inhaltsverzeichnis: Das Inhaltsverzeichnis wird automatisch von Latex oder auch von MS Word generiert. Der Autor sollte allerdings vor dem endgültigen Ausdruck sicherstellen, dass das Verzeichnis aktuell ist und dass es keine unschönen Umbrüche aufweist.

Abbildungsverzeichnis: Auch dieses Verzeichnis kann in allen gängigen Textverarbeitungsprogrammen automatisch erstellt werden. Sinnvoll ist es ab rund fünf Abbildungen.

Tabellenverzeichnis: Vgl. Abbildungsverzeichnis.

Algorithmenverzeichnis: Vgl. Abbildungsverzeichnis.

Formelzeichenverzeichnis: Diese Verzeichnisform ist nicht sehr verbreitet, da meist versucht wird, die Formelzeichen im direkten Umfeld der Gleichungen zu erklären und hiermit dem Leser das Nachschlagen zu ersparen.

Kerntext: Der Kerntext im Beispiel [Template 10] ist unterteilt in die Kapitel *Einführung, Stand der Technik, Grundlagen, Umsetzung, Systemarchitektur, Experimentelle Validierung* und *Schlussbetrachtungen*. Für viele zurückliegende studentische Arbeiten und Dissertationen aus dem technischen Bereich konnte diese Struktur mit nur wenigen Anpassungen übernommen werden, dennoch sollte man sich auch hier zu den Gepflogenheiten und Richtlinien am Institut informieren.

Anhänge: Sie können die dokumentarische Qualität wesentlich verbessern, ohne die Gliederung im Kerndokument zu berühren. Gebräuchliche Anhänge sind: Datenblätter, Glossar (vgl. auch den nächsten Unterpunkt), Betriebsparameter, Inbetriebnahmeanleitung und kurze (!) Quelltextauszüge. Ein kurzer Textblock am Beginn des Anhanges sollte die Relevanz erklären. Gerade Quelltextauszüge sollten nur dann beigefügt werden, wenn der Autor gut erklären kann, wieso gerade diese Stellen relevant sind.

Glossar: Ein Glossar dient nicht nur als Begriffserklärung für den Leser, sondern auch als Begriffsabgrenzung für den Autor. So kann dieser, falls sein Korrektor einige Termini anders kennt oder versteht, jederzeit auf das Glossar und die dortige Begriffseinführung verweisen.

Literatur: Kleinere Literaturverzeichnisse kann man noch relativ schnell von Hand erstellen, bei längeren Listen wird man aber in aller Regel spezielle Tools verwenden. Für Latex ist dies BibTeX, u. U. in Kombination mit JabRef (vgl. Anhang C, [Alver 10] und z. B. [Erbsland 07, Kap. 12]). Sowohl für Latex als auch für MS Word kann das kommerzielle Tool EndNote verwendet werden [Thomson Inc. 10].

Sachverzeichnis: Ein Sachverzeichnis bzw. Index kann in Dissertationen sinnvoll sein, in Studien- oder Diplomarbeiten ist es eher unüblich. In Latex wird das Tool MakeIndex verwendet (vgl. Anhang C und [Template 10]). In MS Word erfolgt die Indexerstellung mittels *Einfügen, Referenz, Index und Verzeichnisse, Index (bzw: Index, Eintrag festlegen).*

Schmutzblatt: Die letzte Seite im gedruckten Werk sollte leer bleiben. Sie dient als sog. Schmutzblatt.

3.6 Zeitliche Planung

In Tabelle 3.1 ist ein Vorschlag für die zeitliche Planung einer Ausarbeitung aus einem technischen Fachbereich angegeben.

Anmerkung: An unserem Institut hat es sich sowohl für den Studenten als auch für den Betreuer bewährt, eine Probezeit von zwei Wochen vor der tatsächlichen Anmeldung der Arbeit einzuräumen. Der Studienarbeiter bekommt dieserart nochmals die Gelegenheit, sich zu vergewissern, dass ihm das Thema liegt. Diese zwei Wochen sind dann allerdings Teil der Bearbeitungszeit.

3.7 Schreibblockaden

Schreibblockaden hat wohl schon jeder erlebt, der ein längeres Schriftstück verfassen musste; man lernt aber nach und nach mit diesem Phänomen umzugehen. Während der Niederschrift sind Pausen beispielsweise in Form längerer Spaziergänge besonders wichtig, um ein wenig Abstand zu gewinnen. Weiterhin nützt es wenig, an einer verfahrenen Stelle ewig zu verzweifeln. Man wendet sich dann lieber einem anderen Abschnitt zu, der leichter von der Hand geht. Auch die Wichtigkeit einer gut durchdachten und filigran ausgearbeiteten Gliederung kann nicht genug betont werden.

Und abschließend gilt: Ein guter Start in den Tag ist die Lektüre des Textes vom Vortag. Zum einen zur Korrektur, zum anderen aber auch, um wieder einen Einstieg zu finden.

34   3 Aufbau und Gliederung einer Ausarbeitung

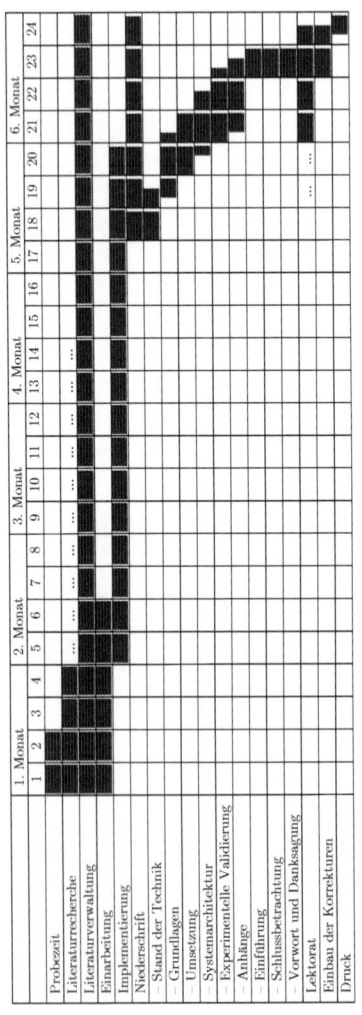

	1. Monat				2. Monat				3. Monat				4. Monat				5. Monat				6. Monat			
	1	2	3	4	5	6	7	8	9	10	11	12	13	14	15	16	17	18	19	20	21	22	23	24
Probezeit																								
Literaturrecherche																								
Literaturverwaltung																								
Einarbeitung																								
Implementierung																								
Niederschrift																								
- Stand der Technik																								
- Grundlagen																								
- Umsetzung																								
- Systemarchitektur																								
- Experimentelle Validierung																								
- Anhänge																								
- Einführung																								
- Schlussbetrachtung																								
- Vorwort und Danksagung																								
Lektorat																								
Einbau der Korrekturen																								
Druck																								

Tabelle 3.1. Beispiel für den zeitlichen Ablauf einer wissenschaftlichen Arbeit aus dem technischen Bereich.

4

Werkzeuge

4.1 Einleitung

In den folgenden Abschnitten werden die gängigen und bewährten Software-Tools zur Texterstellung und zur Erstellung von Grafiken, Charts und Kurven-Plots kurz vorgestellt. Dann wird im Abschnitt „Toolchain" ein bewährter Werkzeugkasten zusammenstellt, wie er auch den Studenten an unserem Institut empfohlen wird.

Aus Gründen des Umfangs erfolgt eine Beschränkung auf die Software-Tools unter MS Windows[1]. Fast alle Hinweise gelten aber auch für den Umgang mit den äquivalenten Tools unter MacOS oder Linux. In der Tabelle am Ende einer jeden Programmbeschreibung werden auch die äquivalenten Tools unter den anderen Betriebssystemen genannt.

---

[1] Windows 2000, Windows XP, Windows Vista.

T. Gockel, *Form der wissenschaftlichen Ausarbeitung*,
eXamen.press, 2nd ed., DOI 10.1007/978-3-642-13907-9_4,
© Springer-Verlag Berlin Heidelberg 2010

4.2 Übersicht

Im nachfolgenden Text werden verschiedene, bewährte Software-Tools zur Erstellung des Hauptdokumentes, der Grafiken, der Funktions-Plots und zur Bildbearbeitung vorgestellt. Besonders wichtig hierbei sind erfahrungsgemäß die Schnittstellen untereinander bzw. die Import- und Exportformate. Diesem Punkt ist jeweils eine kurze Tabelle gewidmet (importiert ..., exportiert ...). Weiterhin werden äquivalente Lösungen unter den Betriebssystemen Linux und MacOS genannt. Kommerzielle Werkzeuge sind mit einem (*) gekennzeichnet.

4.2.1 MiKTeX, TeXnicCenter und TeXaide

MiKTeX ist eine Latex-Distribution[2] unter Windows, die in Installation und Umgang besonders einfach gehalten ist und die PDF exportiert (vgl. Anhang C.2 und [MiKTeX 10]). Früher wurde von Latex das DVI-Format für den Betrachter und das PS-Format für den Druck ausgegeben. Die direkte PDF-Ausgabe für beide Aufgaben hat sich aber so gut bewährt, dass die beiden anderen Formate nur noch eine untergeordnete Rolle spielen.

MiKTeX-Quelltexte können theoretisch in einem beliebigen Editor erstellt und dann an der Kommandozeile übersetzt werden. Wesentlich bequemer und effizienter ist aber der Einsatz des TeXnicCenters [GNU 10e]. Dieses Tool bindet bei der Installation auf dem PC bereits vorhandene MiKTeX-Tools ein und realisiert dieserart die Übersetzung

---

[2] Was ist Latex? Das ist hervorragend mitsamt einem kleinen Beispiel erklärt unter [Wikipedia 10, „LaTeX"].

und Anzeige des PDF-Dokumentes per Mausklick (oder via Strg-F5). Neben einem komfortablen Editor enthält TeXnicCenter auch leistungsfähige Werkzeuge zur Projektverwaltung. TeXnicCenter ist angelehnt an die IDE[3] von MS Visual Studio, aber auch ohne Vorkenntnisse in dieser IDE fällt der Einstieg leicht (vgl. Abbildung 4.1). Zur Installation und Verwendung von MiKTeX und TeXnicCenter vgl. Anhang C.2.

TeXaide ist ein schlankes, freies Werkzeug, welches die Latex-Umgebung um einen komfortablen Formeleditor, ähnlich jenem von MS Word, ergänzt [Design Science Inc. 07].[4] Der Datenaustausch mit dem Latex-Editor geschieht in beide Richtungen über die Zwischenablage. Auch wenn versierte Latex-Anwender an der Tastatur vielleicht schneller sind, als mit der Maus in TeXaide, so ist das Tool dennoch oft hilfreich. Oder wüssten Sie auswendig, wie folgende Gleichung zu setzen ist?

$$A \oplus B := \bigcup_{b \in B} (A + b)$$

Wenn die Gleichung kurz in TeXaide zusammengeklickt, markiert, in die Zwischenablage kopiert und schlussendlich im Editor TeXnicCenter eingefügt wird, so kann man sich den Quelltext hierzu anschauen (vgl. Abbildung 4.1):

```
\[
A\oplus B:=\bigcup\limits_{b\in B}{(A+b)}
\]
```

---

[3] Integrated Development Environment, integrierte Entwicklungsumgebung.
[4] Zur Drucklegung der zweiten Auflage war dieses Tool nicht mehr online verfügbar. Eine mögliche Alternative ist MathType, auch von der Firma Design Science.

4 Werkzeuge

Anmerkung: Der mehrzeilige Kommentarblock ist hier nicht abgebildet. Er ermöglicht den umgekehrten Weg des Kopierens, vom Editor zurück zu TeXaide.

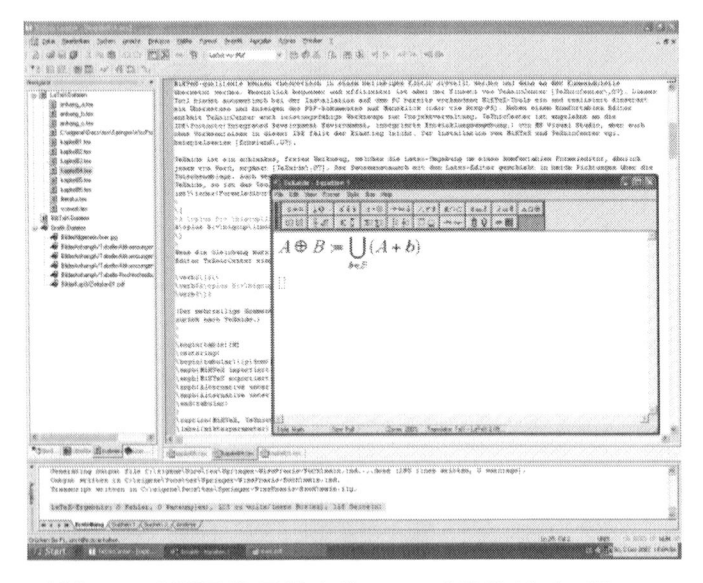

Abb. 4.1. MiKTeX, TeXnicCenter und TeXaide im Einsatz.

MiKTeX importiert:	JPG, PNG, PDF
MiKTeX exportiert:	PDF (PS, DVI nach Umstellung, dann aber ohne PDF-Import)
Alternative unter Linux:	PDFTeX + LYX; Kile; Texmaker (keine Alternative für TeXaide)
Alternative unter MacOS:	OzTeX + TeXShop; Texmaker (keine Alternative für TeXaide)

Tabelle 4.1. MiKTeX, TeXnicCenter und TeXaide: Schnittstellen und Alternativen.

4.2.2 Adobe Acrobat Professional*

Das Programm Adobe Acrobat Professional (AAP)[5] ermöglicht den PDF-Export aus jedwedem Programm mit Druckdialog [Adobe Inc. 10a]. Der Anwender wählt hierzu einfach als Drucker den Adobe PDF-Druckertreiber und generiert dieserart eine PDF-Datei. Aus dieser PDF-Datei kann er nun einzelne Seiten entnehmen (*Dokument, Seiten entnehmen*) und auf einzelnen Seiten auch einzelne Grafiken, Formeln oder Textabschnitte ausschneiden (*Werkzeugleiste: Erweiterte Bearbeitung, Icon: Beschneidungswerkzeug*). Es entstehen zugeschnittene, schlanke PDF-Vektorgrafiken, die problemlos und ohne Qualitätsverlust in PDF-Latex eingebunden werden können.

Bei AAP handelt es sich ohne Frage um ein besonders leistungsfähiges Werkzeug, welches aber entsprechend auch nicht gerade preiswert in der Anschaffung ist. Unten stehend in der Box und im Abschnitt 4.3 werden freie Alternativen aufgeführt; man muss aber tatsächlich sagen,

---

[5] Keinesfalls zu verwechseln mit dem freien Adobe Acrobat Reader [Adobe Inc. 10b].

dass AAP als komfortables und leistungsfähiges Werkzeug für den PDF-Datenaustausch und für die Druckvorstufe kaum zu ersetzen ist.[6] Folgende wertvolle Funktionalität beispielsweise kann von den freien Programmen bisher nicht geboten werden:

Bearbeiten, Grundeinstellungen ermöglicht eine Feineinstellung des PDF-Exportes hinsichtlich Auflösung, Schrifteneinbettung und Grafikkompression.

Werkzeuge, Erweiterte Bearbeitung, TouchUp-Textwerkzeug liefert dem Anwender nicht nur Informationen über den markierten Font (rechte Maustaste), sondern kann in manchen Fällen sogar fehlende Fonts nachträglich einbetten.

Erweitert, Preflight liefert komfortabel Informationen und Warnungen zu transparenten oder schattierten Bereichen, zu dünnen bzw. wegbrechenden Linien, zu fehlenden Fonts usw.

Erweitert, Ausgabevorschau ermöglicht eine Druckvorschau hinsichtlich Farb-Graustufen-Konversion usw.

Datei, Speichern unter ermöglicht den Grafikexport in das EPS-Format ohne Qualitätseinbußen; Zeichnungen verbleiben im Vektorformat (vgl. auch Abschnitt 5.2).

Vorsicht: Für eine vollständige Schrifteneinbettung beim AAP-Export ist einiges zu beachten, vgl. Abschnitt 5.10.

---

[6] Dies gilt allerdings nur ab einer Versionsnummer ≥ 6.0.

AAP importiert:	Druckausgaben von allen Programmen mit Druckoption (*Datei, Drucken, Adobe PDF*)
AAP exportiert:	PDF, EPS
Alternative unter Linux:	Nativer PDF-Export aus OpenOffice. Ansonsten: PS-Export von allen gängigen Linux-Programmen, dann PS2PDF-Umwandlung (Ghostscript)
Alternative unter MacOS:	AAP ist auch unter MacOS erhältlich

Tabelle 4.2. Adobe Acrobat Professional: Schnittstellen und Alternativen.

4.2.3 MS Word, MS Office*

Das Textverarbeitungsprogramm MS Word ist für die Erstellung längerer Texte bei Weitem nicht so gut geeignet wie Latex [Microsoft Inc. 10]. Es hat aber in Teilbereichen auch Stärken. So kann man in Word rasch und mit gutem Ergebnis interaktiv Tabellen erstellen oder Zeichnungen, Organigramme und Charts anfertigen. Wenn man hierfür den Latex-Font dcr10.ttf verwendet, so wird sich das Ergebnis nahtlos in ein bestehendes Latex-Dokument einfügen (zum Export nach Latex via PDF vgl. auch Abschnitt 5.2).[7] Andere hilfreiche Features sind:

Tabellensortierung: Wenn man mit Word eine Tabelle erstellt, so kann man diese via *Tabelle, Sortieren* bequem numerisch oder alphabetisch sortieren lassen

---

[7] Fast alle Zeichnungen im vorliegenden Leitfaden und in [Template 10] wurden mit dem Zeichnungsmodul Word Draw von MS Word 2002 erstellt.

und dann entweder die sortierten Inhalte oder einfach die komplette Tabelle nach Latex übernehmen. Ein Beispiel hierzu findet sich in [Template 10].

Rechtschreibprüfung und Thesaurus: Die Rechtschreibprüfung von Word ist mittlerweile recht ausgefeilt. Auch wer mit Latex arbeitet, könnte also auf die Idee kommen, Textblöcke kurz über die Zwischenablage zur Korrektur nach Word zu kopieren. Ähnlich nützlich kann auch der Thesaurus sein (vgl. aber auch [OpenThesaurus 10]).

Importmöglichkeit für Pixelbildern: Word verfügt über vielfältige Importfilter für alle gängigen Pixelbildformate (JPG, BMP, PNG, TIFF, GIF, ...). Eingefügt werden diese via *Einfügen, Grafik, Aus Datei*. Nach dem Einfügen kann man diese Bilder manipulieren (zuschneiden, Kontrast einstellen, ...) und Vektorzeichnungs- oder Schriftobjekte auf ihnen anordnen (vgl. hier im Buch z. B. die Abbildungen 5.5 und 5.7).

Symboltabellen: Über *Einfügen, Symbol* stehen dem Anwender alle unter `C:\WINDOWS\Fonts` verfügbaren Schriften zur Verfügung. Besonders interessant sind solche Fonts wie Wingdings, Webdings und Zapfdings, die eine Vielzahl verschiedenster Symbole mitbringen und manches Mal die Suche nach einem Clipart ersparen. Mit der Funktion WordArt lassen sich diese Symbole auch drehen, skalieren und verzerren (*Einfügen, Grafiken, WordArt*). Hierzu nach dem Einfügen: *Rechte Maustaste auf den Text, WordArt formatieren, vor den Text*.

Genauso wie für Word in Abschnitt 5.2 beschrieben, kann auch eine Excel-Tabelle, eine Visio-Grafik oder eine Grafik aus PowerPoint nach Latex übernommen werden. Der Datenaustausch erfolgt wieder einfach, bequem und ohne Qualitätseinbußen wie in Abschnitt 4.2.2 beschrieben über das PDF-Format.

MS Word importiert:	JPG, PNG, BMP, EPS, WMF, RTF, HTML, ...
MS Word exportiert:	DOC, RTF, HTML
Alternative unter Linux:	OpenOffice (für alle Plattformen verfügbar)
Alternative unter MacOS:	MS Office für MacOS oder OpenOffice

Tabelle 4.3. MS Word: Schnittstellen und Alternativen.

4.2.4 OpenOffice

Für die freie OpenOffice-Toolsuite gilt prinzipiell das Gleiche wie für MS Office und auch die Funktionalität lässt sich 1:1 zuordnen (vgl. Tabelle 4.4 und [Sun Microsystems Inc. 10]).[8]

---

[8] Der in der Tabelle aufgeführte MS Office-Formeleditor ist in Word zugänglich via *Einfügen, Objekt, Microsoft Formel-Editor*.

MS Office-Modul	OpenOffice-Modul	Funktionalität
Word	Writer	Textverarbeitung
Excel	Calc	Tabellenkalkulation
PowerPoint	Impress	Präsentation
Visio	Draw	Zeichnungen
Formel-Editor	Math	Formel-Editor

Tabelle 4.4. Zuordnung der Funktionalität von MS Office und OpenOffice.

OpenOffice verfügt zwar über Import- und Export-Filter für die MS Office-Familie, die Kompatibilität lässt allerdings bei komplex formatierten Dokumenten und umfangreichen Zeichnungsobjekten noch zu wünschen übrig. So kann es geschehen, dass nach einem Import einige Formatierungsmerkmale nicht erkannt werden und Objekte verschoben oder verzerrt sind.

Auf der sicheren Seite ist man, wenn man sich für ein Tool entscheidet und dann dabei bleibt.

OpenOffice kann von Haus aus PDF ausgeben und auch die Schrifteneinbettung funktioniert gut, allerdings fehlt für eine direkte Einbettung in Latex die Möglichkeit des Zuschneidens (vgl. Abschnitt 4.2.2 oder 4.2.8: pdfcrop). Zu weiteren Schnittstellen vgl. die MS Office-Tabelle 4.3.

4.2.5 CorelDRAW, Visio und Konsorten*

CorelDRAW und Visio sind Vektorzeichenprogramme [Corel Inc. 10c, Microsoft Inc. 10]. Sie sind ideal geeignet, um Zeichnungen, Ablaufdiagramme, UML-Diagramme u. ä. zu erstellen. Das Schnittstellenformat zu Latex ist wieder PDF, der Export funktioniert wie in Abschnitt 4.3 beschrieben.

Wenn diese komfortablen und leistungsfähigen Tools nicht zur Verfügung stehen, so kann man sich auch mit dem Zeichnungsmodul MS Word Draw von MS Word, mit OpenOffice Draw oder mit Xfig behelfen [Smith 10]. Der Aufwand ist hiermit u. U. etwas höher, es sollten aber qualitativ gleichwertige Ergebnisse möglich sein.

Importieren:	VSD, CDR, WMF, DXF, DWG, EPS, ...
Exportieren:	VSD, CDR, WMF, DXF, DWG, EPS, ...
Alternative unter Linux:	Inkscape, OpenOffice Draw, Xfig [Smith 10]
Alternative unter MacOS:	Inkscape, OpenOffice Draw, Omnigraffle [The Omni Group 10]

Tabelle 4.5. CorelDRAW, Visio und Konsorten: Schnittstellen und Alternativen.

4.2.6 Photoshop, Paint Shop Pro, Photo-Paint*

Photoshop, Photo-Paint usw. sind Tools zur Bearbeitung von Pixelbildern, typischerweise Fotografien oder Screenshots [AdobeInc. 10c, CorelInc. 10a, CorelInc. 10b]. Der Photoshop ist unter diesen Tools seit Jahren der Quasistandard für Grafikprofis, aber für viele Aufgaben ist dieses Programm fast schon zu überfrachtet. Oft reicht auch ein freies Tool wie z. B. GIMP aus, das mittlerweile sowohl für Linux als auch für Windows verfügbar ist [GNU 10b]. Wer die Bedienerführung von Photoshop nicht missen möchte, kann hier auch das angelehnte Programm GIMPShop verwenden [Moshella 10].

Für Fotomaterial ist das geeignete Austauschformat für Latex oder auch MS Word das JPG-Format, für Screenshots ist das PNG-Format besser geeignet.

Importieren:	JPG, TIFF, GIF, PNG, BMP, PCX, ...
Exportieren:	JPG, TIFF, GIF, PNG, BMP, PCX, ...
Alternative unter Linux:	GIMP
Alternative unter MacOS:	Photoshop ist auch unter MacOS verfügbar

Tabelle 4.6. Photoshop, Paint Shop Pro, Photo-Paint: Schnittstellen und Alternativen.

4.2.7 Ghostscript und GSview

Der Postscript-Interpreter Ghostscript ermöglicht eine PS-, EPS-, oder PDF-Ausgabe am Bildschirm oder auch auf einem nicht PS-fähigen Drucker [GNU 10f]. Weiterhin ermöglicht Ghostscript mit einigen Einschränkungen die Konvertierung zwischen PS, EPS und PDF. Ghostscript setzt auf den gleichen Formaten wie Adobe Acrobat Professional auf. Das Tool ist nicht so leistungsfähig wie AAP, es handelt sich aber dafür um ein freies Werkzeug, das auf allen Plattformen verfügbar ist.

Für Ghostscript stehen verschiedene grafische Frontends zur Verfügung; das mit Abstand bekannteste ist Ghostview. Mit dieser grafischen Benutzeroberfläche ist dann auch das Rendern der PS-Dateien zur Anzeige auf dem Bildschirm möglich (vgl. auch [Wikipedia 10, „Ghostscript"]).

Ghostscript importiert:	PS, EPS, PDF
Ghostscript exportiert:	PS, EPS, PDF (Pixelformate: BMP, JPG, PCX, TIFF, PNG)
Alternative unter Linux:	Ghostscript und GSview sind unter allen Betriebssystemen verfügbar
Alternative unter MacOS:	Ghostscript und GSview sind unter allen Betriebssystemen verfügbar

Tabelle 4.7. Ghostscript und GSview: Schnittstellen und Alternativen.

4.2.8 Gnuplot, a2ps, pdfcrop

Bei *Gnuplot* handelt es sich um ein freies Tool zur Erstellung von Kurvenplots, Thermoplots usw. in 2D und 3D [GNU 10c]. Zu Beispielen vgl. auch [Template 10], bes. die PLT-Dateien im Unterverzeichnis `\BilderKap1`.

Das Tool *a2ps* ist ein sog. Pretty Printer [GNU 10a]. Es automatisiert eine strukturierte und optisch ansprechende Druckausgabe von Programmquelltexten hinsichtlich Einrückungen und Hervorhebung von Schlüsselwörtern. Einen Überblick über die unterstützten Sprachen kann man sich mit dem Aufruf `a2ps --list=style-sheets | more` an der Kommandozeile verschaffen, weiterhin findet sich in [Template 10, Anhang C] ein komplettes Beispiel mit Syntax des Aufrufes und Ergebnis. Für die Verwendung von a2ps unter Windows sind u. U. noch einige zusätzliche DLLs wie libintl.dll usw. erforderlich, auch diese sind aber frei erhältlich ($\rightarrow$ Google).

Das Tool *pdfcrop.pl* ist ein Perl-Script zur Beschneidung von PDFs [CTAN 10]. Es stellt eine freie Alternative zum Crop- bzw. Beschneidungswerkzeug von Adobe Acrobat Professional dar. Das Tool läuft unter allen Plattformen, vorausgesetzt, ein Perl-Interpreter und Ghostscript sind vorhanden (für Windows vgl. z. B. die freie Software [Active State Inc. 10]).

Das PDF-Dokument sollte als einzelne Seite vorliegen. Der Aufruf zum Beschnitt an der Bounding Box der Text- oder Grafikelemente lautet dann an der Kommandozeile:

```
pdfcrop input.pdf output.pdf
```

Wenn einzelne rechteckige Bereiche ausgeschnitten werden sollen, so können auch explizit Werte für den Beschnitt der Ränder mitgegeben werden:

`pdfcrop --margins "5 10 5 20" --clip i.pdf o.pdf`

Zu weiteren Optionen vgl. auch die Hilfestellung beim Aufruf von pdfcrop ohne Parameter.

Importieren:	Gnuplot: PLT, a2ps: Programm-Quelltexte, CPP, PAS, BAS, pdfcrop: PDF
Exportieren:	PS, EPS, PDF
Alternative unter Linux:	Die Tools sind unter allen Betriebssystemen verfügbar
Alternative unter MacOS:	Die Tools sind unter allen Betriebssystemen verfügbar

Tabelle 4.8. Gnuplot, a2ps, pdfcrop: Schnittstellen und Alternativen.

4.3 Bewährte Toolchain

Die nachfolgende Toolchain hat sich an unserem Institut gut bewährt und wird auch den Studenten empfohlen. Zur Installation und Verwendung vgl. Anhang C.

Der Kerntext wird erstellt auf Basis von MiKTeX mit TeXnicCenter als Quelltext-Editor und Adobe Reader als PDF-Betrachter. Das endgültige Ausgabeformat für den Copyshop oder die Druckerei ist PDF. Die Erstellung komplexerer Formeln erfolgt mit TeXaide, die Einbindung geschieht über die Zwischenablage.

Zeichnungen, Flowcharts, UML-Diagramme usw. werden in CorelDRAW, MS Visio oder MS Word Draw[9] oder auch mit der freien Software StarUML[10] erzeugt. Der Export erfolgt als PDF-Datei über den Adobe PDF-Druckertreiber (Datei, Drucken, Adobe PDF) bzw. über den Befehl „In Adobe PDF konvertieren" in der Menüleiste [Adobe Inc. 10a]. Dann erfolgt ein Zuschnitt im AAP (Beschneidungswerkzeug bzw. Befehl: „crop") bzw. ersatzweise über das freie Perl-Skript pdfcrop.pl[11] und dann die Einbindung in den Latex-Quelltext als PDF-Datei (zu den notwendigen Einstellungen vgl. Abschnitte 4.2.2 und 5.10).

Die Bildbearbeitung der Fotografien oder Screenshots erfolgt mit Photoshop, Paint Shop Pro oder Photo-Paint; die Einbindung der Fotos in den Latex-Quelltext geschieht im JPG-Format, die der Screenshots im PNG-Format[12].

Die Erstellung komplexer Kurven bzw. Funktionsplots kann mittels Gnuplot for Windows oder MS Excel erfolgen. Hierbei kann Gnuplot direkt Latex-Quelltext exportieren, ansonsten funktioniert der Export wieder bei beiden Programmen über das PDF-Dateiformat (Datei, Drucken, Adobe PDF).

Die Quelltextformatierung von Programm-Listings (C++, BASIC usw.) erfolgt mittels des Listing-Latex-Pakets (vgl.

---

[9] Dies ist das Zeichnungsmodul von MS Word, die zugehörige Symbolleiste ist einblendbar via *Ansicht, Symbolleisten, Zeichnen*.

[10] http://staruml.sourceforge.net, ein Tipp von Markus Lorenz.

[11] Dieses Tool benötigt einen Perl-Interpreter wie z. B. das freie [Active State Inc. 10].

[12] Auch praktisch ist das freie Screenshot-Tool DarkShot [Darkleo 10].

4.3 Bewährte Toolchain

Abschnitt 5.9) oder mittels a2ps (dies ist ein sog. Pretty Printer). Die im zweiten Fall entstehende Postscript-Datei wird dann mit Adobe Acrobat Professional in eine PDF-Datei umgewandelt und kann nun wie gehabt in den Latex-Quelltext eingebunden werden. Die Formatierung kurzer Programm-Listings bzw. sog. Snippets geschieht im Latex-Style \verb$text$ zur direkten Einbindung in den Latex-Fließtext.

Anmerkung: Es fällt auf, dass der Dreh- und Angelpunkt dieser Toolchain das Programm Adobe Acrobat Professional ist. Dieses Programmm hat sich mittlerweile zum Quasi-Standard beim Austausch mit Verlagen und Druckereien entwickelt. Es enthält eine leistungsfähige und ausgereifte Druckvorstufe für die rasche Kontrolle der Ausgaben auf fehlende Fonts, zu dünne Linien, wegbrechende Graustufen usw. Weiterhin kann ein Grafikexport zur Einbindung in ein Latex-Dokument per PDF natürlich nicht nur aus den beschriebenen Applikationen heraus geschehen, sondern aus allen Applikationen, welche eine Druckausgabe vorsehen. Somit ist auch der Grafikexport aus spezielleren Programmen wie AutoCAD, ProEngineer, Matlab, LabView, Rational Rose usw. einfach möglich.

Das Programm ist aber auch relativ kostenintensiv in der Anschaffung. Wer es nicht bei seinem Arbeitgeber oder an der Universität nutzen kann, der kann auch mit GhostScript PDF-Dateien erzeugen und diese dann mit pdfcrop.pl beschneiden. Hierzu installiert man einen Postscript-Druckertreiber und druckt dann aus der erzeugenden Applikation auf diesen Treiber mit der Option „In Datei" aus. Es entsteht eine PS-Datei, die noch umbenannt werden muss von **name.ps.prn** nach **name.ps**. Nun kann diese Datei mit GhostView geladen, betrachtet und als PDF-Datei exportiert werden.

Alternativ kann auch eines der mittlerweile verfügbaren freien PDF-Tools wie z. B. [MAY GmbH 10] oder [Plotsoft Inc. 10, PDFill PDF Tools] verwendet werden.

5

Fallstricke, Tipps und Tricks

5.1 Einleitung

Im folgenden Text werden bekannte und immer wiederkehrende Probleme bei der Niederschrift einer Arbeit und beim Austausch mit dem Copyshop oder der Druckerei zusammengetragen und Lösungsvorschläge aufgezeigt. Die Reihenfolge der Abschnitte ist chronologisch an den Weg von der ersten Zeile bis zur Druckerei angelehnt.

5.2 Von MS Word zu Latex und zurück

Stellen Sie sich vor, Sie beschließen zur Halbzeit Ihrer Arbeit, von Word[1] auf Latex umzusteigen. Oder – unwahrscheinlicher – umgekehrt. Oder Sie möchten einige Inhalte wie Tabellen und Grafiken aus einem Latex-Dokument in

---

[1] Oder auch von OpenOffice oder vergleichbaren Programmen.

ein Word-Dokument einbinden. Kann man denn einen in Latex oder in Word erstellten Text auch in dem jeweils anderen Programm nutzen bzw. mit möglichst wenig Qualitätsverlust konvertieren? Dies ist grundsätzlich möglich, aber mit Aufwand verbunden. Für einen Anwender, der im Umgang mit beiden Programmen geübt ist, sollte auch der Umzug eines längeren Dokumentes wie z. B. einer Diplomarbeit in drei bis fünf Tagen realisierbar sein. Der Aufwand ist aber von der Art des Inhaltes abhängig: Bei einem reinen Fließtext geht der Umzug vergleichsweise rasch vonstatten, bei einer Arbeit aus der Mathematik mit vielen Formeln und anderen Grafikobjekten wird es sicher aufwendiger.

Von Word zu Latex

Dies ist der einfachere Weg. Nach der Erstellung eines Grundgerüstes für die Kapitel wird der Word-Fließtext in den Latex-Editor kopiert, und es werden die Zeichen- und Absatzformatierungen vorgenommen. Komplexere Zeichnungsobjekte wie umfangreiche Tabellen, Vektorzeichnungen oder aufwendige Formeln werden allesamt als Grafik behandelt und per PDF-Export einzeln in das Latex-Dokument eingebunden (vgl. hierzu auch die Abschnitte 4.2.2, 4.3 und 5.10).

Wenn die verwendeten Pixelbilder (Fotografien, Screenshots) im JPG- oder PNG-Format vorliegen, so können sie unverändert übernommen werden, da beide Programme diese Formate lesen können. Wenn die Bilder aber im TIF-, BMP- oder GIF-Format vorliegen, so müssen sie in eines der zwei genannten Formate umgewandelt werden.

Von Latex zu Word

Auch dies ist möglich, aber schwieriger. Für Fließtext und Pixelbilder gilt das zuvor Gesagte, für Vektorgrafiken ist aber die Wahl des PDF-Formates als Austauschformat leider nicht möglich, da Word kein PDF lesen kann. Ein unschöner erster Ansatz wäre die Umwandlung der PDF-Vektorgrafiken in Bitmaps; im einfachsten Falle geschieht dies über das Schnappschuss-Werkzeug im Adobe Reader. Falls dies wirklich einmal notwendig wird, so sollte man zumindest die Ansicht wesentlich vergrößern ($> 300\,\%$) um die Auflösung zu erhöhen. Das Schnappschuss-Werkzeug ermöglicht dann ein Scrollen auch über den sichtbaren Bereich hinaus.

Eleganter ist es aber, für den Austausch von Vektorgrafiken im Vektorformat zu verbleiben. Möglich wird dies über das Encapsulated-Postscript-Format (EPS), welches auch von Word gelesen wird. Der Austausch geschieht dann wie folgt[2]: Mit Latex bzw. MiKTeX wird ein PDF-Dokument erstellt und in das Programm Adobe Acrobat Professional geladen. Nun wird bis zur fraglichen Grafik vorgeblättert und die Seite entnommen (*Dokument, Seite entnehmen*). Auf dieser Seite wird für die Grafik das sog. Beschneidungswerkzeug eingesetzt (*Anzeige, Werkzeugleiste, Erweiterte Bearbeitung*). Dann gibt man ein: *Datei, Speichern unter, EPS-Format.* Zuvor ist noch die Schriftenkonvertierung zu regeln via: *Bearbeiten, Grundeinstellungen, aus PDF konvertieren, Encapsulated PostScript, Einstellungen bearbeiten.* Hier müssen dre Einträge erfolgen: *Schriften einschließen: Eingebettete und referenzierte Schriften, Truetype in*

---

[2] Verwendet wurden hier die Versionsnummern wie in den Quellen genannt. Mit neueren Versionen wird die Konvertierung aber sicherlich auch möglich sein.

5 Fallstricke, Tipps und Tricks

Type 1 konvertieren und *Vorschau einschließen*. Um zu belegen, dass eine Konvertierung dieserart tatsächlich ohne Qualitätsverlust geschehen kann, sind unten stehend zwei Grafiken eingefügt, die einen langen Verarbeitungsweg unbeschadet überstanden haben: Beide Grafiken waren ursprünglich in einem Latex-Dokument eingebunden, wurden dann aus der Latex-PDF-Ausgabedatei entnommen, zugeschnitten, nach EPS konvertiert, in Word eingebunden, von dort via PDF-Export wieder entnommen, zugeschnitten und dann schlussendlich wiederum in ein Latex-Dokument (in das vorliegende Buch) eingebunden.

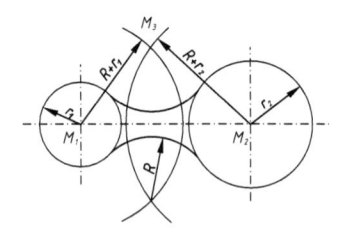

Abb. 5.1. Erstes Beispiel für eine gelungene Konvertierung nach der beschriebenen Methode (Bildquelle: [Template 10] bzw. urspr.: [Hoischen 88]).

$$f(x_1,\ldots,x_n) = |A\boldsymbol{x} - \boldsymbol{b}|^2$$
$$= |(\sum_{j=1}^{n} a_{kj}x_j - b_k)_{k=1}^{m}|^2$$
$$= \sum_{k=1}^{m}(\sum_{j=1}^{n} a_{kj}x_j - b_k)^2.$$

Abb. 5.2. Zweites Beispiel für eine Konvertierung (Bildquelle: [Template 10]).

5.2 Von MS Word zu Latex und zurück

Einige kurze Anmerkungen zu dem beschriebenen Prozedere:

Unter Umständen gerät während des langen Weges des Dateiexportes irgendwann einmal die Größe (Breite) der Grafik in Vergessenheit. Bevor man nun langwierig durch Trial-and-Error in Latex oder Word versucht, die Einbettungsgröße nach Augenmaß wieder so einzustellen, dass auch die Schriftgrößen und Linienstärken wieder stimmen, wird man besser von Anfang an in einer Breite beschneiden, welche der Textblockbreite entspricht. Damit fällt dann die Einbettung leicht: In Word wird der Zeichnungsrahmen manuell auf Textbreite gezogen, in Latex wird die Grafik mit der Option \includegraphics[width=\textwidth] eingebunden.[3]

Weiterhin ist darauf zu achten, dass nach jedem Arbeitsschritt im Dokument bzw. in der zu portierenden Grafik alle Schriften eingebettet sind. Die Suche nach dem Ursprung fehlender Schriften kann sonst langwierig und mühselig werden.

Wer mit Word einen Text erstellen möchte, der einem Latex-Text relativ ähnlich sieht, der verwendet den Font dcr10.ttf (im Internet zum freien Download erhältlich bzw. bei [MacKichan Inc. 10] dabei). Hiermit wird die klassische Latex-Schrift Computer Modern verwendet. Der Anwender sollte sich aber im Klaren darüber sein, dass er dennoch auf die latextypischen Ligaturen und die gelungene Absatzformatierung verzichten muss.

---

[3] Ausgegangen wird hier von einer ähnlichen Einstellung der Absatzformatierung bei beiden Programmen und damit auch ähnlichen Textbreiten.

5.3 Bildauflösung: *ppi* und *dpi*

Oft werden dem Autor vom Verlag oder von der Druckerei Vorgaben zu den Abbildungen im Text gemacht. Eine solche Vorgabe ist, dass die Abbildungen mindestens eine Auflösung von 300 dpi aufweisen sollten. Was bedeutet dies nun und wie kann man es sicherstellen bzw. kontrollieren? Vgl. hierzu Abbildung 5.3: Mit den 300 dots-per-inch[4] sind tatsächlich 300 pixel-per-inch gemeint, allerdings wird dies im Sprachgebrauch mittlerweile ein wenig verschliffen.

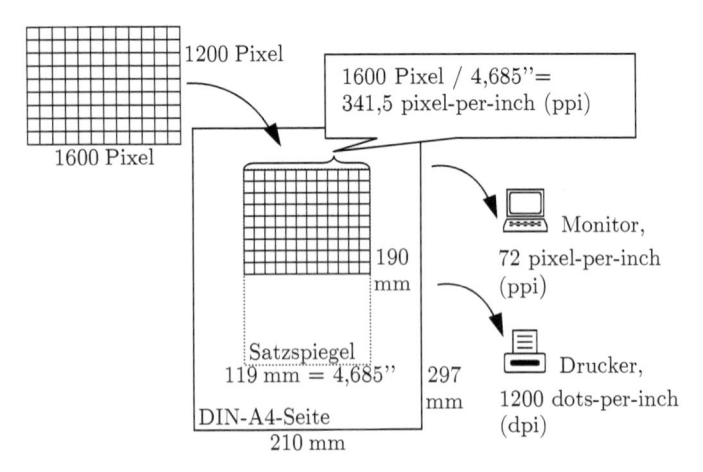

Abb. 5.3. Ein Beispiel zu den Begriffen *ppi* und *dpi*.

Die Zuordnung von Pixeln zu Inch bzw. Millimetern findet im Moment der Einbettung der Abbildung in das Doku-

---

[4] Ein Inch bzw. ein Zoll entspricht 25,4 mm. Das Zeichen für die Einheit ist entweder [in] oder zwei Hochkommata: [″].

ment statt. Im Beispiel in Abbildung 5.3 wird das Bild mit *Breite = Satzspiegelbreite* (vgl. Abschnitt 5.13) eingebettet und weist nun eine Breite von 119 mm auf. Die kurze Rechnung in der Sprechblase ergibt, dass die Pixelanzahl des Bildes im Beispiel ausreicht. Wenn die Breite der späteren Einbettung bekannt ist, so kann auch bereits im Bildbearbeitungsprogramm die ppi-Zahl kontrolliert werden; vgl. hierzu Abbildung 5.4. Im Photoshop ist diese Funktion zu erreichen via *Bild, Bildgröße* und kann auch genutzt werden, zu große Bilder klein zu rechnen und umgekehrt ([×] *Bild neuberechnen mit: Bikubisch*). Da für den Vorgang der Hochrechnung eines Bildes nicht genügend Informationen vorliegen, muss das Programm die fehlenden Daten durch Interpolation errechnen. Bei der bilinearen oder bikubischen Interpolation wird das Ergebnis damit unschärfer. Für Motive, die große zusammenhängende Farbflächen aufweisen, kann das sog. S-Spline-Verfahren Abhilfe schaffen [Shortcut Inc. 10].

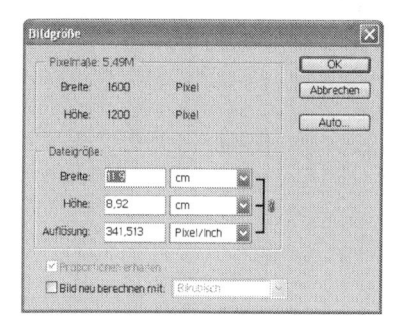

Abb. 5.4. Kontrolle der ppi-Zahl im Photoshop.

Aber wieso werden überhaupt gerade diese 300 ppi gefordert? Der Grund ist leicht ersichtlich, wenn man sich die

Funktionsweise des ausgebenden Mediums – des Druckers – vor Augen führt. Dieser gibt nun tatsächlich Punkte (Dots) aus, die eine Ausdehnung in mm oder Zoll aufweisen. Wenn der Drucker eine Auflösung von 1200 dpi besitzt, so kann er auf ein Zoll maximal 1200 einfarbige Pünktchen drucken. Für den Ausdruck von Zwischentönen wie Graustufen oder Farbabstufungen kommt das sog. Dithering-Verfahren zum Einsatz (auch Rasterverfahren oder Halftone-Verfahren genannt, vgl. Abbildung 5.5).

Und da nun bei diesem Verfahren oft eine 4×4-Maske verwendet wird und da weiterhin 1200 dpi eine verbreitete Druckerauflösung im Profibereich ist, findet sich hierin auch der Grund für die besagten 300 ppi Breitenauflösung.[5] Zu weiteren Informationen vgl. beispielsweise [Wikipedia 10, „Dithering (Bildverarbeitung)"].

Anzumerken bleibt, dass in den gängigen Grafikformaten wie JPG und PNG tatsächlich ein metrisches Maß mitgeführt wird. Man kann dies leicht überprüfen, indem man im Photoshop wie oben dargestellt die metrische Inch- bzw. cm-Größe ändert, ohne das Bild neu zu berechnen. Wenn dieses Bild nun beispielsweise in MS Word eingebettet wird, so geschieht dies dort in dieser hinterlegten Größe, und der Anwender hat die Gewissheit, dass die Darstellung pixelgenau erfolgt und nicht interpoliert wird. Wenn aber das Bild durch Verkleinern oder Vergrößern skaliert wird, so sind diese metrischen Größen nicht mehr relevant.

---

[5] Und von der anderen Richtung kommend: Ein Druck mit 300 ppi ergibt bei gängigem Leseabstand ein Druckbild, das der Mensch nicht mehr als Einzelpunkte wahrnimmt.

Abb. 5.5. Beispiel für Spatial Dithering durch den Drucker (Originalbild, Druckausgabe, Vergrößerung), Model: Lena Söderberg, US-Playboy Nov. 1972.

5.4 Farbbilder im Schwarz-Weiß-Druck

Der Ausdruck von Farbbildern im Copyshop oder auch in Büchern und Konferenzbänden ist im Regelfall so viel teurer, dass man wo immer möglich Schwarz-Weiß-Bilder verwendet. Um dennoch die Farben unterscheidbar zu machen, sollte man die Bilder dann entsprechend aufbereiten. Der einfachste Fall ist in Abbildung 5.6 gezeigt.

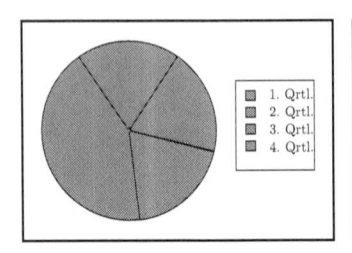

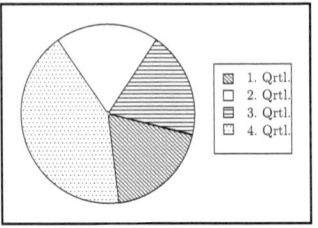

Abb. 5.6. Beispiel für ein Diagramm im Schwarz-Weiß-Druck (links: Farben in Graustufungen, rechts: Schraffuren).

Wenn Screenshots[6] eingebunden werden sollen und diese im Schwarz-Weiß-Druck schlecht erkennbar sind, so kann man versuchsweise die Bildschirmeinstellungen verändern: Rechtsklick auf den Desktop, *Eigenschaften, Darstellung, Button: Erweitert, Farben*.

Bei Fotos wiederum kann man mit einem Bildbearbeitungsprogramm wie Photoshop die Helligkeit der RGB-Kanäle folgendermaßen variieren: Auswahl im Menü: *Bild, Anpassen, Farbton/Sättigung*. Zuerst wird dann für das gesamte Bild die Sättigung auf −100 eingestellt, dann wird für die einzelnen Kanäle bzw. Farbtöne die Helligkeit derart variiert, dass die Objekte gut unterscheidbar werden (Ergebnisse vgl. Abbildung 5.7).

Anmerkung: Die Rot-Grün-Blau-Textboxen in der Abbildung wurden im Vektorformat in MS Word[7] hinzugefügt wie folgt: Laden des Fotos mittels *Einfügen, Grafik, aus Datei*, Einblendung der Werkzeugleiste für das Zeichen mittels *Ansicht, Symbolleisten, Zeichnen*, links unten: Auswahl

---

[6] Zur Erinnerung: Screenshots sind vorteilhaft im PNG-Format, statt im JPG-Format einzubinden.

[7] Genauso möglich in MS Visio, CorelDRAW o. ä.

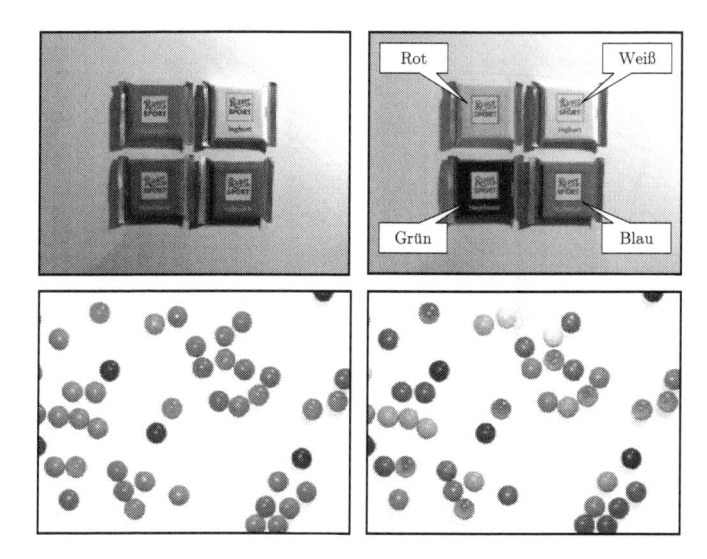

Abb. 5.7. Beispiele für Farbbilder im Schwarz-Weiß-Druck (links: unbearbeitet, rechts: bearbeitet wie beschrieben).

der sog. Autoformen (Textfelder, Pfeile, Legenden, ...) und Platzierung auf dem Foto.

Vorteilhaft ist hier auch die Vorgabe eines Rasters (*Zeichnen, Gitternetz*).

5.5 Wandernde Abbildungen

Ein ärgerliches Phänomen in der Textverarbeitung sind wandernde Abbildungen. In Word tritt der Effekt relativ zuverlässig bei der Verwendung vieler Grafikobjekte auf, wenn diese überlappend bzw. umflossen, also als Gleitobjekte formatiert sind. Eine Lösung ist entsprechend die Formatierung *mit Text in Zeile*.

Aber auch Latex nimmt sich bei der Positionierung der Grafikobjekte oft zu viele Freiheiten heraus. Abgesehen von den üblicherweise verwendeten und nicht immer zuverlässigen Parametern [htbp], [!ht][8] bei der Einbindung der Grafik existiert noch eine weniger bekannte Methode, Grafiken bombenfest zu verankern:

---

[8] Zur Bedeutung vgl. z. B. [Erbsland 07, S. 52].

1. Zuerst wird im Hauptdokument ein zusätzliches Package eingebunden mittels \usepackage{float}.
2. Dann wird als Parameter zur Grafikeinbindung [H] angegeben (nichts sonst, keine Ausrufungszeichen o. ä.).

Beispiel:

```
\begin{figure}[H]
\centering
\includegraphics[width=\textwidth]{bild01.pdf}
\caption{Dies ist eine Bildunterschrift.}
\label{bild01}
\end{figure}
```

Diese etwas brachiale Art der Formatierung sollte immer erst ganz am Ende der Texterstellung verwendet werden und auch dann nur bei Grafiken, bei denen es unbedingt notwendig erscheint. Ansonsten freut sich Latex auch über ein \clearpage oder \newpage ab und an und kann dann wieder viel freier atmen bzw. formatieren.

5.6 Von Schusterjungen, Hurenkindern und Zwiebelfischen

Die befremdlichen Begriffe aus dem Abschnittstitel entstammen der Sprache der Berufsstände der Drucker bzw. Schriftsetzer. Sie sind schon mehrere hundert Jahre alt, bezeichnen aber typografische Fehler, die auch in unseren modernen Zeiten des DTP[9] immer noch vorkommen.

---

[9] Desktop Publishing, EDV-gestütztes Publizieren vom Schreibtisch aus.

5 Fallstricke, Tipps und Tricks

Ein sog. *Schusterjunge* ist eine Textzeile, welche am Ende einer Seite steht und den Anfang eines neuen Absatzes darstellt, der auf der nächsten Seite fortgesetzt wird. Ein sog. *Hurenkind* ist ein noch gravierenderer typografischer Fehler und kennzeichnet eine Textzeile, die die letzte Zeile eines Absatzes ist und zugleich die erste Zeile einer neuen Seite darstellt (vgl. Abbildung 5.8).

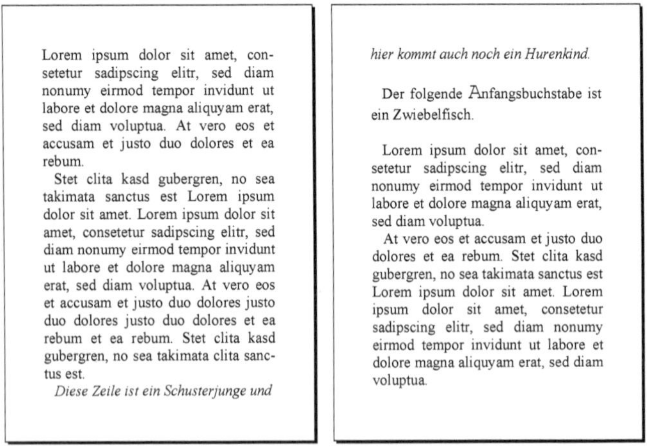

Abb. 5.8. Beispiele für typografische Fehler (vgl. auch [Wikipedia 10, „Schusterjunge"]).

Beide Fehlerbilder sollten erst ganz am Ende der Niederschrift angegangen werden, entweder mittels entsprechend eingefügter \newpage-Kommandos, mit der Vergrößerung bzw. Verkleinerung der Seite durch \enlargethispage{}[10] oder mit dem Formatierungsmerkmal „Absatz zusammenhalten".

---
[10] Bsp.: \enlargethispage{-10.5mm}.

5.6 Von Schusterjungen, Hurenkindern und Zwiebelfischen

In MS Word kann diese Formatierung nach Markierung des fraglichen Textbereiches vorgegeben werden mittels *Format, Absatz, Zeilen- und Seitenumbruch, Reiter: Absätze nicht trennen.*

Latex bietet die Befehle \samepage und \nopagebreak an, richtig zuverlässig funktioniert aber nur die Klammerung mit einer Minipage.

Beispiel:

```
\begin{minipage}{\textwidth}
  In diesem Textblock
  sind Seitenumbrüche
  verboten!
\end{minipage}
```

Mit dem Begriff *Zwiebelfisch* werden Lettern bezeichnet, die zwar den richtigen Buchstaben darstellen, aber dem falschen Zeichensatz entstammen. Früher kam dies durch die Ablage der Bleilettern in der falschen Schublade zustande, mittlerweile tritt der Fehler meistens durch fehlende bzw. nicht eingebundene Schriften und eine fehlerhafte Substituierung auf (vgl. Abschnitt 5.10 zu Lösungen hierzu).

Seltener ist auch ein Font eingebunden, dem einige der verwendeten Zeichen fehlen. Wenn z. B. in Word der Font cmr10.ttf verwendet wird, um ein latexähnliches Aussehen des Textes zu erreichen, so fehlen die Umlaute (richtig ist dcr10.ttf).

5.7 Silbentrennung

„Trenne nie s-t, denn es tut den beiden weh!" So haben wir das zumindest früher einmal gelernt, mittlerweile wurde diese Trennregel aber gemeinsam mit vielen anderen Regeln durch die Rechtschreibreform abgeschafft. Nun wird also beispielsweise so getrennt: Sys-tem. Glücklicherweise muss man sich hierüber nicht allzu viele Gedanken machen, da mittlerweile die Textverarbeitung für die korrekte Trennung zuständig ist. In Latex ist für den Übergang zur Neuen Deutschen Rechtschreibung das ngerman-Package statt des german-Packages zu verwenden: \usepackage[ngerman]{babel}.

Weiterhin ist aber keine Software perfekt, und so sollten die Trennungen auf jeden Fall vor der Abgabe bei der Druckerei kontrolliert werden. Möchte man für ein Wort eigene Trennstellen festlegen, so geschieht das in Latex folgendermaßen: Sil\-ben\-tren\-nung. Möchte man in einem Wort, z. B. einem Eigennamen, die Trennung verbieten, so kann dies mittels \mbox{diesisteineigenname} geschehen.

Auch die globale Festlegung der Trennvorschrift für mehrere kritische Wörter ist möglich. Ein Beispiel: \hyphenation{Staub-eck-en Ur-instinkt Ursula}.

Zu weiteren Details zur Silbentrennung vgl. auch das Hauptdokument in [Template 10] und [Jürgens 95, S. 27ff.].

5.8 Umbrüche in URLs

Die sog. Uniform Resource Locators oder kurz URLs stellen in der Textverarbeitung ein fortwährendes Ärgernis dar. Sie sind oft zu lang, um in eine Zeile zu passen, bieten dem Textverarbeitungsprogramm aber oft auch keine Stellen für Umbrüche an (keine Leerzeichen, keine Minuszeichen). Wenn sie aufwendig händisch umgebrochen werden, so funktioniert im Regelfall der zugehörige Hyperlink im Ausgabe-PDF nicht mehr.

Latex bietet hierzu aber glücklicherweise das url-Paket an:

`\usepackage{url}`

Eine Ergänzung der Einbindung mit der hyphens-Option erlaubt dann weiterhin auch den Umbruch an Bindestrichen:

`\usepackage[hyphens]{url}`

Die Verwendung geschieht im Quelltext z. B. folgendermaßen:

`\url{<http://www.google.de>}`

Die <>-Zeichen sind hierbei optional, sie markieren Anfang und Ende der URL für den Leser. Der Hyperlink im Ausgabe-PDF funktioniert auch mit dieser Ergänzung. Die Ausgabe sieht aus wie folgt:

`<http://www.google.de>`

Auch in der Bibliografie zum vorliegenden Buch wurden die URL-Einträge dieserart formatiert (vgl. [Template 10], dort wird die gleiche Bibliografie mitgeliefert). Alternativ kann übrigens auch das Hyperref-Paket via `\usepackage{hyperref}` eingebunden werden

5.9 Formatierung von Programm-Listings und Snippets

Für die Formatierung von Quelltexten in den Programmiersprachen C++, Pascal oder BASIC gibt es in Latex mehrere Möglichkeiten. Für kurze Quelltextauszüge, sog. Snippets, bietet sich der einfachste Weg über eine Formatierung als Verbatim an:

```
#include <iostream>
#include <ostream>
int main()
{
std::cout << "Hallo Welt!" << std::endl;
std::cout << "noch eine Zeile ..." << std::endl;
}
```

Hierbei wurde der Programmquelltext in folgende Klammerung gesetzt:

```
\begin{verbatim}
... hier steht der C++-Quelltext
\end{verbatim}
```

Für einzelne Zeilen oder Ausdrücke ist diese Art der Formatierung auch mittels \verb$$ möglich, die Ausdrücke stehen hierbei zwischen den zwei Dollarzeichen (oder anderen damit reservierten Zeichen wie bspw. %, falls der Ausdruck Dollarzeichen enthält).

Für längere Quelltextabschnitte existiert das Latex-Package Listings. Dieses erlaubt eine komfortable Formatierung auch unterschiedlicher Styles mit unterschiedlicher Hintergrundschattierung usw. Ein Minimalbeispiel könnte aussehen wie folgt:

5.9 Formatierung von Programm-Listings und Snippets

```
\documentclass{article}
\usepackage{listings}
\begin{document}
\begin{lstlisting}
 #include <iostream>
 #include <ostream>
 int main()
 {
 std::cout << "Hallo Welt!" << std::endl;
 std::cout << "noch eine Zeile ...";
 }
\end{lstlisting}
\end{document}
```

Das Ergebnis hierzu enthält kein Syntax-Highlighting; dies kann man mit einer Option in [] hinter `\begin{lstlisting}` variieren. Vgl. hierzu auch die Package-Dokumentation.

```
#include <iostream>
#include <ostream>
int main()
{
  std :: cout << "Hallo Welt!" << std :: endl;
  std :: cout << "noch eine Zeile ...";
}
```

Und abschließend sei auch nochmals auf die Möglichkeit der Verwendung eines Pretty Printers wie [GNU 10a] hingewiesen, der dann Postscript- bzw. Encapsulated-Postscript erzeugt, welches leicht nach PDF konvertiert und als solches bequem in das Latex-Dokument eingebunden werden kann. Syntax und Beispiele hierzu finden sich in den Vorlagen unter [Template 10].

5.10 Schrifteneinbettung

Die vollständige und lückenlose Schrifteneinbettung im Dokument ist nicht etwa unnötiger Luxus, sondern für jede noch so kurze Arbeit ein absolutes Muss. Normalerweise werden sich Copyshop und Druckerei aus technischen und rechtlichen Erwägungen heraus weigern, ein Dokument mit fehlenden Schriften zu drucken. Wenn es aber doch zum Druck kommt, so ist die Wahrscheinlichkeit groß, dass die Substitution der Schriften nicht hundertprozentig erfolgreich war. Statt der gewünschen Symbole tauchen dann auf einmal Smileys o. ä. im Text auf.

Wie kann man dies vermeiden? Am wichtigsten hierbei sind korrekte Einstellungen im Adobe Acrobat Professional sowie die andauernde Kontrolle neu einzubindender PDFs hinsichtlich der Vollständigkeit der Schrifteneinbettung (vgl. unten). Auch das Gesamtdokument sollte nach jedem Arbeitsschritt auf fehlende Schriften gecheckt werden. Wenn das Fehlen eines Fonts erst kurz vor der Fertigstellung entdeckt wird, dann ist die Suche nach dem verursachenden Text- oder Grafikelement mit viel Aufwand verbunden.[11]

Notwendige Einstellungen in Adobe Acrobat Prof.

Vorbemerkung: Es ist eine Versionsnummer ≥ 6.0 zu verwenden, die älteren Versionen hatten generell bekannte Probleme mit der Schrifteneinbettung. Weiterhin ist der AAP vollständig zu installieren, sonst wird u. U. der Adobe PDF-Druckertreiber nicht mitinstalliert.

---

[11] Vorgehensweise: Halbiere das Dokument. In welcher Hälfte fehlt der Font? Halbiere diese Hälfte erneut ...

5.10 Schrifteneinbettung

Für jedes Format, aus welchem in PDF exportiert werden soll, sind die Einbettungsregeln einzustellen. Im AAP ermöglicht die Auswahl *Bearbeiten, Grundeinstellungen, In PDF konvertieren* die Anzeige der unterstützten Programme. Mittels Auswahl des jeweiligen Programmes (Bsp.: MS Office) und *Einstellungen bearbeiten* gelangt man dann zu weiteren Dialogen und kann sich schließlich zur Schrifteneinbettung durchhangeln. Dort ist dann anzukreuzen: *Alle Schriften einbetten* und die Liste unter *Nie einbetten* ist zu löschen. Die nach Speicherung hiermit entstandenen sog. Job Options (Bsp.: Standard(2).joboptions) sind dann später auch bei jedem Export auszuwählen.

Weiterhin nimmt AAP beim Export über die AAP-Icons oder die Menüeinträge im jeweiligen Programm bestimmte Fonts wie Times NewRoman oder Arial als gegeben und bettet diese nie ein. Ein Export via *Datei, Drucken, Adobe PDF* ermöglicht dann aber doch die komplette Einbettung aller Fonts. Nicht vergessen: Auch hier müssen die neuen Job Options ausgewählt werden (vgl. oben).

Kontrolle auf fehlende Fonts im Adobe Acrobat Prof.

Die Auswahl *Erweitert, Preflight, Auswahlliste: Liste mit Text ohne eingebettete Schriften* startet einen automatischen Prüfprozess.

Kontrolle auf fehlende Fonts im Acrobat Reader

Die Auswahl *Datei, Dokumenteigenschaften, Reiter: Schriften* ermöglicht die Anzeige aller verwendeten Fonts: Bei jedem Font muss der Zusatz „Eingebettete Untergruppe" stehen.

Weiterhin sollten nur Type 1- oder TrueType-Vektorfonts angezeigt werden, keinesfalls unschöne pixelige Type3-Fonts.

5.11 Gliederungsebenen

Latex kennt standardmäßig die Gliederungsebenen \chapter, \section, \subsection und \subsubsection. Noch tiefer geht die Gliederung mit \paragraph und \subparagraph, doch tatsächlich will man manchmal eher höher hinauf, als tiefer hinab.

Wenn die Gliederungsebenen ausgehen oder das Inhaltsverzeichnis unübersichtlich und auch optisch unschön wird, dann kann eine Aufteilung der Arbeit in sog. Parts Abhilfe schaffen (\part). Dieser Aufruf wird einfach im Hauptdokument zwischen den Kapitel-Includes eingefügt und trennt dann die Arbeit oder das Buch in mehrere Hauptteile. Im darauf folgenden Text werden automatisch Seiten eingefügt, die den Beginn eines neuen Hauptteiles anzeigen. Ein Beispiel für diese Vorgehensweise kann unter [Schröder 09] online eingesehen werden. Das Hauptdokument dieses Buches sieht aus wie folgt (Auszug):

```
...
\tableofcontents
\include{vorwort}

\part{Grundlagen}
\include{kapitel01}
\include{kapitel02}
\include{kapitel03}
```

```
\part{Applikationen}
\include{kapitel04}
\include{kapitel05}
```
...

Im Inhaltsverzeichnis des Textes werden Trenner an den Stellen der Parts eingefügt. Das Ergebnis sieht dann unter Verwendung des svmono.cls-Styles von [Springer-Verlag 07] folgendermaßen aus:

Teil I Grundlagen

---

1   Technische Grundlagen

    1.1   Einführung............................ 13

(...)

Teil II Applikationen

(...)

5.12 Zu kurz oder zu lang geratener Text

Wenn aus irgendwelchen hier nicht zu bewertenden Gründen die Arbeit in der Seitenzahl bzw. im gefühlten Volumen ein wenig verlängert werden soll, so können folgende Tricks angewandt werden (vergleiche auch [Template 10]):

- Umstellung von 10-Punkt- oder 11-Punkt- auf 12-Punktschrift.

- Nummerierungsbeginn vom Deckblatt ab (Deckblatt = Seite eins, dort natürlich unterdrückt).

- Vergrößerung der Grafiken.
- Umstellung von hängenden Einzügen auf eine Formatierung, welche die Absätze durch einen eingefügten Abstand trennt, mittels \usepackage{parskip} [Template 10].
- Verwendung eines Openright-Styles, bei welchem neue Kapitel immer auf der rechten Seite beginnen (Report-Style, statt Article-Style. Vgl. [Template 10]).
- Großzügigere Verwendung von \newpage-Befehlen.
- Behutsame Verkleinerung des Satzspiegels (vgl. Abschnitt 5.13).
- Ergänzung durch Anhänge wie Datenblätter und Glossar.

Die umgekehrte Vorgehensweise bewirkt entsprechend eine Verringerung der Seitenanzahl. Nahe liegend mag vielleicht auch eine Veränderung des Zeilenabstandes erscheinen. Dies ist aber ein Trick, der auch dem ungeübten Auge sofort auffällt (Latex-Standardabstand ist 1,1 Zeilen).

5.13 Anpassung des Satzspiegels

Beim sog. Satzspiegel handelt es sich um den druckbaren Bereich ohne Header bzw. Kolumnentitel, aber mit Footer bzw. Fußnoten (vgl. Abbildung 5.9). Die Größe dieses Bereiches kann in Latex vorgegeben werden unter Verwendung des geometry-Packages. Für das vorliegende Taschenbuch z. B. lautet die Einstellung:

\usepackage[total={90mm,144mm},centering]{geometry}

5.13 Anpassung des Satzspiegels

Hiermit werden die Seitenränder und Einzüge umgestellt, die Fontgrößen und Ähnliches bleiben aber gewollt unberührt.

Eine andere Art der Anpassung ist die Skalierung des Satzspiegels ohne Veränderung der Umbrüche. Hierbei müssen entsprechend auch die Fontgrößen angepasst werden. Ein mögliches Anwendungsszenario: Die Dissertation sei unter Verwendung einer Standard-DIN-A4-Vorlage wie z. B. [Template 10] fertiggestellt und liegt als PDF vor. Nun soll die Arbeit in der Druckerei auf DIN A5 gedruckt, der Satzspiegel also verkleinert werden. Der Autor stellt nach einem Probedruck fest, dass damit dann die Fonts zu klein werden, dass aber auch noch einiger Spielraum bei den Seitenrändern besteht. Er möchte den Satzsspiegel der Vorlage hochskalieren mit Vergrößerung der Fonts, aber *ohne* Veränderung des Seiteninhalts (der Umbrüche usw.).

Hierfür gibt es einen einfachen und praktikablen Trick: Das erzeugte PDF-Dokument wird in ein neues, überschaubares Latex-Dokument importiert, welches beispielsweise folgenden Inhalt hat:

```
\documentclass{scrartcl}
\usepackage{pdfpages}
\begin{document}
\includepdf[trim=8mm 8mm 8mm 8mm,pages=-]{xy.pdf}
\end{document}
```

Die vier Trim-Parameter kennzeichnen den Beschnitt des PDF von außen: Je größer die Zahlen, desto größer ist der Textblock.

Anmerkung: Natürlich funktioniert dies auch mit anderen, beispielsweise mit MS Word erzeugten, PDF-Dokumenten.

5.14 Schnittmarken für die Druckerei

Wenn das entstehende Dokument in einer Druckerei vervielfältigt werden soll, so wird diese u. U. sog. Schnittmarken fordern (vgl. Abbildung 5.9).

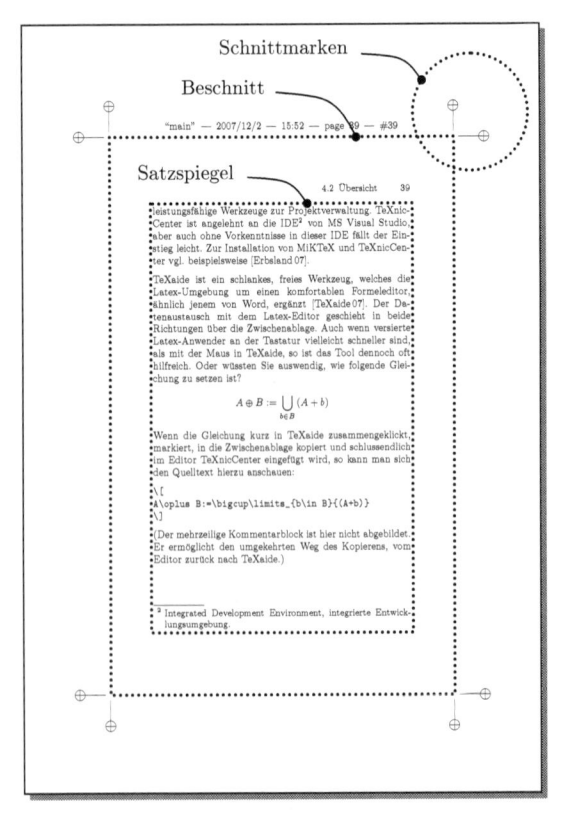

Abb. 5.9. Schnittmarken für die Druckerei, Beschnitt und Satzspiegel.

Dies sind kleine Kreuze an den Ecken des Satzspiegels, die den späteren Zuschnitt kennzeichnen. Insgesamt lautet beispielsweise die Einstellung für das vorliegende Taschenbuch dann:

```
\usepackage[total={90mm,144mm},centering]{geometry}
\geometry{papersize={120mm,190mm}}
\usepackage[a4,cam,center]{crop}
\crop[]
```

5.15 Sicherungskopien

Es gibt wohl während der Niederschrift einer Ausarbeitung nur wenig Schlimmeres als einen Headcrash der Festplatte. Alle liebevoll ausgetüftelten Formulierungen und alle sorgfältig erstellten Grafiken sind dann Geschichte – es sei denn, es liegt eine Sicherungskopie vor.

Die folgende Backup-Strategie hat sich bewährt und sollte in der heißen Phase mindestens einmal am Tag (abends) durchgeführt werden:

1. CD-Brennvorgang mit allen TEX-Quellen, Bildern und Daten. Es sollte ein Markenrohling verwendet werden, langsam (12-fach) gebrannt und finalisiert werden. Es empfiehlt sich weiterhin, alle paar Tage einmal die CD auch mit einem anderen Laufwerk bzw. mit einem anderen PC einzulesen, um sicherzugehen, dass der Brennprozess funktioniert.

2. Komplett-Backup der Arbeit auf einem USB-Speicher-Stick in einem neuen Verzeichnis, benannt nach dem Tagesdatum.

Auf dem Stick entsteht folgende, gut zu sortierende Verzeichnisstruktur:

```
h:\DA-2010-11-25
h:\DA-2010-11-26
h:\DA-2010-11-28
...
```

Wenn der Speicher-Stick voll ist, können die älteren Verzeichnisse wieder gelöscht werden. Ansonsten ist es empfehlenswert, den Inhalt des Sticks alle paar Tage einmal komplett auf einen anderen PC zu spielen, dort ein Latex-Compilat zu versuchen (sind die Daten vollständig?) und auch alle paar Tage einen Papierausdruck der Arbeit anzufertigen. Diese Ausdrucke können dann auch von den Korrekturlesern genutzt werden.

Vergleichsweise fehleranfällig und deshalb *nicht* empfehlenswert ist ein inkrementeller Backup-Prozess, beispielsweise via Microsofts Sync-Toy. Auch ist inkrementelles Speichern bei den hier anfallenden kleinvolumigen Daten nicht notwendig. Weiterhin sollten im Idealfall nur direkt lesbare Daten geschrieben werden, also keine Zipper oder Image-Kopierer verwendet werden.

Backup-Medien sollte per se Misstrauen entgegengebracht werden. Sie sollten regelmäßig getestet und erneuert werden. Auch sollte der Backup-Prozess auf mehrere Beine gestellt werden, also auf mehreren Medien parallel stattfinden (vgl. oben: CD und USB-Stick). Abschließend sollte es auch selbstverständlich sein, auf dem Arbeitsplatz-PC aktualisierte Versionen eines Virenschutzes, eines Spyware-Schutzes und einer Firewall zu betreiben.

5.16 Versionsverwaltung

Wenn mehrere Autoren gemeinsam an einem längeren Schriftstück arbeiten oder wenn ein einzelner Autor an wechselnden Rechnern arbeitet, dann kann der Einsatz einer zentralen Versionsverwaltung sinnvoll werden. Die Tools hierfür können aus der Verwaltung größerer Software-Projekte übernommen werden, allen voran das Tool Subversion bzw. SVN [Wikipedia 10, „Subversion (Software)"].

Ein großer Vorteil dieser Art der Verwaltung ist, dass der Stand des Dokumentes zu jedem beliebigen Zeitpunkt rekonstruiert werden kann. Wenn mehrere Autoren an einer Datei arbeiten, so ist das Programm weiterhin in der Lage, die Inhalte bzw. Veränderungen zu erkennen und zusammenzufügen (zu *mergen*).

Die Einrichtung eines Subversion-Servers und der Vorgang des Ein- und Auscheckens der Inhalte ist unabhängig davon, ob Quelltexte für ein Software-Projekt oder TEX-Dateien für ein Buch gespeichert werden. Entsprechend hilft beim Einstieg ein allgemeines Grundlagenbuch wie [Wassermann 06] oder eine Anleitung aus dem Internet wie [TortoiseSVN 10] oder [Ziegenhagen 08].

5.17 Book on Demand

Normalerweise wird das Verlagshaus bei einer Publikation den Autor intensiv betreuen, sinnvolle Vorgaben zur Form machen und auch einen Lektor einschalten. Dies ist bei den Book-on-Demand-Verlagen (BoD) nicht zwingend der Fall. Wenn bei dieser Publikationsart der Autor bereit ist, den

Großteil der Vorarbeiten selbst zu leisten, so wird hier die Publikation wesentlich preisgünstiger werden (zu Details vgl. auch [Gockel 08], [Gerber 08]).

Eine BoD-Publikation bringt mehrere Vorteile mit sich:

+ Der Druck ist sehr preiswert (aktuell beginnend bei 39,00 € zzgl. Datenhaltungskosten, in der Summe rund 160,00 €, [Gockel 08]), und es gibt keine Mindestauflage.

+ Das Buch bekommt eine ISBN-Nummer, auf Wunsch auch einen Barcode, und es wird in das Verzeichnis lieferbarer Bücher (VlB) aufgenommen. Damit ist auch das selbstverlegte Buch über alle Buchhändler und Internet-Versender erhältlich.

+ Gegen einen Aufpreis werden auch das klassische Lektorat und andere Dienstleistungen angeboten.

+ Der Autor wird bei der Erstellung eines druckfertigen Manuskriptes mittlerweile durch spezielle Druckertreiber unterstützt (beispielsweise durch die BoD-easyPrint-Software [BoD 10]). Hiermit ist dann zumindest die Schrifteneinbettung und die korrekte Geometrie des Satzspiegels gewährleistet.

+ Die Verwertungsrechte verbleiben im Regelfall zu 100 % beim Autor. Findet er einen anderen Verlag mit besseren Konditionen oder möchte er sein Fachbuch parallel bspw. als Vorlesungsskript umsonst zum Download anbieten, so ist dies problemlos möglich.

+ Vielleicht der größte Vorteil für viele Autoren: Der BoD-Verlag publiziert alles! Es gibt also keine Lektoren und keine Redaktion, die das mühsam erstellte Werk ablehnen könnten.

5.17 Book on Demand

Man sollte aber auch folgende Nachteile in Betracht ziehen:

– Bei BoD-Verlagen können sowohl für den Autor als auch für den Endkunden, der über den Buchhandel bestellt, verhältnismäßig lange Lieferfristen entstehen.

– Wenn der Autor keine entsprechende Vorbildung hinsichtlich Layout, Druckvorstufe und Lektorat mitbringt, so wird das Ergebnis im Regelfalle minderwertiger ausfallen, als bei Betreuung durch ein klassisches Verlagshaus.

– Die BoD-Verlage nehmen ausnahmslos jeden Titel auf, der nicht gegen die guten Sitten verstößt. Es erfolgt keine Selektion, keine Qualitätskontrolle, und so entstehen viele Bücher, die später keine Kunden finden. Bei Dissertationen ist dieser Punkt eher unerheblich, da diese in aller Regel sowieso eher verschenkt werden.

– Die BoD-Verlage investieren kaum in Marketing. Entsprechend werden sich die Bücher lange nicht so gut verkaufen wie bei der Bewerbung durch ein klassisches Verlagshaus.

– Bekannte Verlagshäuser haben über die Jahre hinweg einen guten Ruf aufgebaut, der dann auch den publizierten Büchern vorauseilt (Beispiele: der Springer-Verlag für Fachbücher, der GCA-Verlag für Dissertationen oder der Fischer-Verlag für Belletristik). Dies ist bei BoD-Verlagen nicht der Fall.

Bekannte BoD-Verlage:

`<http://www.bod.de>`
`<http://www.book-on-demand.de>`
`<http://www.ruckzuckbuch.de>`

5.18 Verwertungsgesellschaft VG Wort

Was die GEMA für den Musiker ist, das ist die VG Wort für den Autor: Die VG Wort ist eine Verwertungsgesellschaft, die mit staatlicher Rückendeckung seit 1958 die Tantiemen aus Zweitnutzungsrechten an Sprachwerken verwaltet. Berechtigte Ausschüttungsempfänger sind Autoren, Übersetzer und Verleger von schöngeistigen und dramatischen, journalistischen und wissenschaftlichen Texten. Die Anzeige der Veröffentlichungen geschieht online durch den Urheber.

Bei Veröffentlichungen in Fachzeitschriften oder Konferenzbänden hält sich die Ausschüttung in Grenzen und bewegt sich im Bereich von vielleicht einigen duzend Euro. Bei Fachbüchern und Dissertationsschriften allerdings kommen rasch einige hundert Euro zusammen. Die Anmeldung und die Meldung von Veröffentlichungen geschieht über folgende URL:

http://www.vgwort.de.

6

Schlussbetrachtungen

6.1 Lektorat

Die Niederschrift einer wissenschaftlichen Arbeit schließt mit dem Lektorat bzw. mit dem Korrekturprozess. Dieser Schritt ist in seiner Wichtigkeit keinesfalls zu unterschätzen: Erst hier werden von ausgewählten Lektoren die Rechtschreib- und Grammatikfehler sowie die stilistischen und inhaltlichen Ungereimtheiten beseitigt und das Werk bekommt seinen letzten Schliff.

Wer nun meint, jedermann, der in der Schule im Unterrichtsfach Deutsch gut abgeschnitten hat, eigne sich als Lektor, der irrt. Der Korrekturprozess ist mühsam und erfordert höchste Konzentration. Der Grund hierfür ist, dass das menschliche Auge gewohnt ist, von Wort zu Wort oder gar von Satzteilen zu Satzteilen zu springen. Das Gehirn nimmt bei solch einem Lesevorgang den Inhalt eines Textes sehr effizient auf, erkennt aber im Text oft weder Rechtschreibfehler noch grammatikalische Fehler.

T. Gockel, *Form der wissenschaftlichen Ausarbeitung*,
eXamen.press, 2nd ed., DOI 10.1007/978-3-642-13907-9_6,
© Springer-Verlag Berlin Heidelberg 2010

Der Korrekturleser muss sich immer wieder bewusst zwingen, diese Sprünge von Wort zu Wort zu vermeiden und stattdessen tatsächlich einmal buchstabenweise zu lesen. Ein probates Mittel für den Anfang ist, den Text langsam und konzentriert laut vorzulesen. Weiterhin gehört zur Korrektur auch das Nachschlagen unklarer Schreibweisen.[1] Es handelt sich also insgesamt um eine anstrengende und zeitaufwendige Arbeit.

Organisieren Sie für das Lektorat Ihrer Ausarbeitung nach Möglichkeit drei Korrektoren, die das Werk korrigieren, bevor es dann in die Hände des notengebenden Korrektors bzw. des Reviewers kommt.

6.2 Checkliste

Wenn nun alle Korrekturen eingebaut sind, dann bleibt nur noch eine abschließende Kontrolle des Layouts, bevor die Arbeit in Druck gehen kann. Die folgende Checkliste hat uns hierfür am Institut bereits bei mehreren Buchprojekten gute Dienste geleistet. Entsprechend ist eine Endkontrolle gemäß dieser Liste sicherlich auch für eine studentische Arbeit oder Dissertation hilfreich, um die Qualität des Druckergebnisses sicherzustellen. Folgende Punkte sind zu klären:

1. Wurden vor den kommenden Schritten alle nicht unbedingt notwendigen (temporären) Dateien gelöscht? Erst dann ist sichergestellt, dass Bibliografie und Index auf dem neuesten Stand sind. Bei Verwendung der

---

[1] Am schnellsten geschieht dies mit der bereits mehrfach erwähnten Duden-CD [Duden-Red. 09a, Duden-Red. 09b].

Vorlage aus [Template 10] geschieht dieser Löschvorgang durch Aufruf der Datei `saeubern.bat`.
2. Compiliert Latex das Dokument ohne jegliche Warnungen? Anmerkung: Hierzu sind u. U. mehrere Durchläufe erforderlich.
3. Sind alle Schriften im PDF eingebettet (vgl. Abschnitt 5.10)? Handelt es sich bei allen Schriften um hochwertige Type 1- oder TrueType-Vektorfonts?
4. Sind alle Referenzen korrekt aufgelöst? Suche im PDF: „?", „??". Anmerkung: Im Adobe Acrobat Prof. oder auch im Adobe Reader können solche Suchvorgänge besonders bequem und auch in Zoom-Ansicht in einer Liste erfolgen, die durch Strg-Shift-F geöffnet wird.
5. Sind falsche Ligaturen korrigiert? Hierzu sollte im PDF zumindest nach dem besonders häufig auftretenden Wortfragment „Aufl" gesucht werden (vgl. Anhang A).
6. Sind die Trennungen korrekt (vgl. Abschnitt 5.7)? Diese Kontrolle lässt sich leider nicht automatisieren. Hierfür muss man mühselig im PDF die rechten Ränder des Textblocks durchsehen. Besondere Wachsamkeit ist bei der Trennung englischer Wörter angebracht. Die korrekten Trennstellen können nachgeschlagen werden bei [Duden-Red. 09b] oder [Merriam-Webster 10].
7. Ist der Satzspiegel korrekt? Ragt bei einem evtl. geplanten Beschnitt auch kein Text über den Schnittrand? Probehalber: Beschnitt der Seiten an den Schnittmarken mittels AAP, dann nochmals Durchsicht aller Seiten (vgl. Abschnitte 4.2.2, 4.2.8, 5.13 und 5.14). Besonderer Augenmerk ist hier auf den Header, besonders auf die Position der Seitenzahlen zu legen.
8. Sind alle Umbrüche und alle Seitenwechsel im Haupttext korrekt? Zu Abhilfe bei Schusterjungen und Hurenkindern vgl. Abschnitt 5.6.

9. Sind alle Grafiken an der richtigen Stelle (vgl. auch Abschnitt 5.5)?
10. Ist der Index auf unschöne Umbrüche bzw. Seitenwechsel und auf Dubletten korrigiert? Hierzu gibt [Template 10] eine Hilfestellung im Hauptdokument `Diplomarbeit.tex` (Stichwort `\linespread{n.nn}`).
11. Ist das Inhaltsverzeichnis auf unschöne Umbrüche bzw. Seitenwechsel korrigiert? Hierzu gibt [Template 10] eine Hilfestellung im Hauptdokument `Diplomarbeit.tex` (Stichwort `\addtocontents`).
12. Ist die Bibliografie hinsichtlich unschöner Umbrüche korrigiert? Auch hier gibt [Template 10] eine Hilfestellung im Hauptdokument `Diplomarbeit.tex` (Stichwort `\interlinepenalty`).
13. Sind alle angegebenen URLs korrekt und noch aktiv? Sicherstellen kann man dies, indem man im Adobe Reader im PDF nacheinander alle URLs kurz anklickt. Es sollte sich entsprechend jeweils der Webbrowser mit der Website öffnen.
14. Ist die Anzahl der an Kapitelenden evtl. auftretenden leeren linken Seiten auf ein Minimum reduziert?
15. Schließen alle Bildunterschriften und alle Fußnoten mit einem Punkt ab?
16. Ist ein komplettes Backup auf CD und USB-Stick gespeichert (vgl. Abschnitt 5.15)?
17. Sind in einem Probeausdruck auf einem Laserdrucker (600 dpi, 1:1, keine Seitenanpassung) alle Grafiken qualitativ in Ordnung? Auch alle Strichstärken und Graustufungen? Ist alles gut lesbar bzw. erkennbar? Im Ausdruck kann man nun auch mit einem Lineal prüfen, ob alle geometrischen Größen bzw. Einzüge korrekt sind.

6.3 Errata

Sicher haben Sie auch bei der Lektüre dieses Leitfadens den einen oder anderen Tipp- oder Rechtschreibfehler oder gar inhaltlichen Fehler gefunden. Bei anderen Lehrbüchern spielt dies keine allzu große Rolle, solange der Inhalt einigermaßen erkennbar bleibt. Das vorliegende Buch aber erhebt den Anspruch, ein Nachschlagewerk für die formalen Aspekte zu sein, und so haben solche Fehler hier nichts verloren!

Entsprechend sind Autor und Verlag dankbar über jede Meldung eines solchen Fehlers: Ihre Rückmeldung kann uns helfen, sowohl diesen Leitfaden als auch das zugehörige Latex-Template [Template 10] immer weiter zu verbessern und stets auf dem neuesten Stand zu halten.

Die Kontaktadresse für solche Meldungen bzw. generell Rückmeldungen aller Art lautet:

Tilo Gockel
<info@formbuch.de>

Weiterhin wurde parallel zum Erscheinen des Buches eine begleitende Website eingerichtet, auf welcher die Vorlagen und auch Korrekturen bzw. Aktualisierungen veröffentlicht werden [Template 10]:

<http://www.formbuch.de>

A

Rechtschreibung und Mikrotypografie

A.1 Einleitung

Seit der Rechtschreibreform hat sich in Deutschland eine gewisse Rechtschreibmüdigkeit breitgemacht. Die landläufige Meinung ist, dass mittlerweile entweder alles erlaubt ist oder dass es sowieso gleichgültig ist, da keiner sich mehr richtig im Regelwerk auskennt. Ein anderes bekanntes Argument lautet: „Ich schreibe meine Arbeit lieber nach der alten Rechtschreibung, da der bewertende Professor sicher noch gar nichts von der Neuen Deutschen Rechtschreibung mitbekommen hat." Oder: „*Der Spiegel* und *Die Zeit* verwenden doch auch wieder die alte Rechtschreibung." An der Universität Karlsruhe und mittlerweile wohl auch an vielen anderen Hochschulen wurde diesen Ausflüchten auf einfache und effektive Weise ein Riegel vorgeschoben: Es wurde verordnet, dass alle Schriftstücke, die an der Hochschule verfasst werden, der Neuen Deutschen Rechtschreibung (NDR) folgen müssen. Auch das vorliegende Buch richtet sich nach der NDR, sollten mehrere Schreibweisen

T. Gockel, *Form der wissenschaftlichen Ausarbeitung*,
eXamen.press, 2nd ed., DOI 10.1007/978-3-642-13907-9
© Springer-Verlag Berlin Heidelberg 2010

erlaubt sein, so wird jene verwendet, die im Duden empfohlen wird [Duden-Red. 09b, grüne Häkchen].

Bei weiterführenden Fragen zu korrekten Satzzeichen, Trennstrichen, zur Silbentrennung, zum korrekten Gebrauch mathematischer Symbole usw. geht die Rechtschreiblehre nahtlos in den Bereich der Mikrotypografie über. In diesem Zusammenhang sind jedem Autor die folgenden vier Werke sehr zu empfehlen:

1. An erster Stelle steht eine aktuelle Ausgabe des Dudens. Besonders empfehlenswert ist hier die Anschaffung der nur wenig teureren Ausgabe mit beiliegender CD, da hiermit das Nachschlagen ungleich schneller vonstatten geht [Duden-Red. 09a, Duden-Red. 09b].[1]

2. Ebenso fast unentbehrlich sind die freien Dokumente von Marion Neubauer zum Thema Mikrotypografie, in welchen ein Regelwerk zum korrekten Umgang mit Bindestrichen, Satzzeichen, Ligaturen, Abkürzungen, mit der Silbentrennung und mit mathematischen Symbolen zusammengestellt ist ([Neubauer 96, Neubauer 97], nochmals publiziert in [Braune 06, Kap. 15]). Auch interessant hierzu ist [Harders].

3. Noch ausführlicher mit der korrekten Formulierung mathematischer Gedanken befasst sich [Beutelspacher 06].

4. Was der Duden nicht erklärt – Wörter im Satzzusammenhang, korrekte Grammatik – ist wunderbar unterhaltsam in den drei Büchern von Bastian Sick beschrieben [Sick 06].

---

[1] Die oft verwendeten automatischen Rechtschreibhilfen der Textverarbeitungsprogramme sind übrigens nur mit großer Vorsicht einzusetzen, da sie das einzelne zu prüfende Wort nicht in seinem Kontext sehen.

A.2 Die wichtigsten Regeln in Kürze

Die folgende kurze Regelsammlung ist zusammengestellt aus den immer wiederkehrenden Unklarheiten und Fehlern aus einer Vielzahl studentischer Arbeiten.

- Nach einem langen Vokal bzw. einem Doppelvokal folgt das Eszett (die *Straße*), nach einem kurzen Vokal das Doppel-S (die *Trasse*).

- Der *Bindestrich* (auch Divis oder Viertelgeviertstrich) hat die Funktion einer Lesehilfe. Er verbindet Wortzusammensetzungen, die noch nicht vollständig in die deutsche Sprache eingeführt sind, typischerweise auch deutsche und fremdsprachige Wörter. Mehrteilige Zusammensetzungen werden durchgekoppelt, es steht also zwischen sämtlichen Bestandteilen ein Bindestrich. Eine Ausnahme stellen Wörter dar, die im deutschen Text in der Ursprungssprache genannt werden (im Englischen werden beispielsweise Substantive ohne Bindestriche hintereinander gereiht). Vgl. hierzu auch [Sick 06, Band 1] und [Wikipedia 10, „Deppenleerzeichen"].

Beispiele:

Eingeführt: Computerbranche, Onlinedienst, Laserscanner, Kamerakalibrierung, Anwenderschnittstelle.

Nicht eingeführt: James-Bond-Darsteller, Consulting-Unternehmen, Real-Time-Datenverarbeitung, Au-pair-Mädchen.

Wort in Ursprungssprache: Real-Time Computing, Internet Provider, Shape-from-Shading.

Zusammensetzungen mit Zahlen werden durch Bindestriche getrennt, soweit es sich nicht nur um das Anhängen eines Suffixes handelt (10-prozentig, 3-teilig, aber: in den 70er Jahren).

Weiterhin versagen auch die besten Rechtschreibkontrollen oft bei der Korrektur zusammengesetzter Adjektive, und der Anwender setzt dann fälschlicherweise Bindestriche ein. Richtig ist aber beispielsweise: amerikafreundlich, tollwutfrei, roboterähnlich, kohlensäurehaltig und ockerfarben [Sick 06, Band 2].

- Der *Bis-Strich* (auch Halbgeviertstrich) gleicht dem Gedankenstrich und wird kompress, also ohne Leerzeichen gesetzt: 1420–1492, 5–7 mm. Bei der Verbindung von Zahlen und Wörtern sollte das „bis" ausgeschrieben werden: 42 v. Chr. bis 121 n. Chr. [Wikipedia 10, „Halbgeviertstrich"]. In Latex wird der Bis-Strich durch "--" realisiert, in MS Word kann er mittels Strg+Nummernblock-Minus eingegeben werden.

- Die *Schreibweise eingedeutschter englischer Wörter* ist mittlerweile relativ genau festgelegt und weicht tatsächlich von jener im Englischen oft ab. So schreiben wir die Substantive groß (Softdrink) und verwenden teilweise eine andere Schreibweise für die Mehrzahl (Ladys). Einiges hierzu ist bereits dem Textblock zum Bindestrich zu entnehmen, vgl. aber auch [Pridik 07] und [Sick 06]. Im Weiteren folgen einige Beispiele: Der Shareholder-Value, das Drive-in-Restaurant, die Party, das Shirt, der Soft Drink oder der Softdrink (beides zulässig), das Make-up, das Pull-down-Menü, der Chill-out-Room, die Open-Source-Software [Pridik 07].

Diese Anpassung der Schreibweise gilt auch für aus dem Englischen entlehnte Verben: Hans designt ein Auto, Familie Müller recycelt Papier, ich habe gesurft [Sick 06, Band 1].

A.2 Die wichtigsten Regeln in Kürze

Abschließend ist hierzu zu sagen, dass bei der Nennung eines fremdsprachigen Wortes ohne die Absicht, dieses einzuführen und im weiteren Text zu verwenden, das Wort in der Originalschreibweise belassen und in Anführungszeichen gesetzt werden sollte: „latte macchiato", „con carne", „hangover".

- Der *Apostroph* dient zwar im Englischen zur Kenntlichmachung des Genetivs (Ben's bike), nicht aber im Deutschen (Bens Fahrrad); Ausnahmen sind Namen, die auf s, z oder x enden (Hans' Fahrrad, Felix' Auto). Der Apostroph ist auch nicht angebracht bei Wortverschmelzungen (ins Haus, vors Auto) und beim Plural-s (E-Mails, DVDs, Pkws). Zu Details vgl. [Sick 06, Band 1].

- Die formschönen Latex-Ligaturen, also die Verschleifungen zwischen einzelnen Buchstaben, sind nicht immer zulässig. Beispiele: „Kuhfladen" und „fluchen", aber nicht „Aufladen", sondern „Aufladen". Folgende Wörter sind besonders gefährdet und häufig: Aufladen, Auflage, Auflösung (korrekte Schreibweise in Latex: `Auf\/laden` usw.). Andere Beispiele für die Fallen fi, ff und fl sind: Umlaufintegral, Auffahrt, auffallen, auffangen, Lauflänge [Neubauer 96].

- Im Fließtext auftretende Zahlen zwischen eins und zwölf sind auszuschreiben. Die Zahlwörter werden nur großgeschrieben, wenn sie Ziffern bezeichnen bzw. durch einen Artikel oder ein Adjektiv substantiviert werden. Beispiele: „Eine Sechs schreiben", „Eine Zwölf schießen", „Ach du grüne Neune!", aber: „Sie kam erst gegen zehn", „Kapitel Nummer eins", „Er fuhr über einhundertsechzig".

- Bildunterschriften, Fußnoten und Quellenangaben sind mit einem Punkt abzuschließen.

- Gliederungsebenen mit nur einem Element (einem Unterabschnitt) sind zu vermeiden bzw. eine Ebene hochzustufen.

- Abschnittsüberschriften ohne Nummerierung sind verdächtig: Sie deuten oft auf eine ungünstige bzw. schlecht durchdachte Gliederung hin.

- Formelzeichen werden kursiv geschrieben, Einheiten aber nicht. Weiterhin gehört zwischen Zahl und Einheit im Deutschen ein geschütztes Leerzeichen (Latex: `5~cm`, Word: *Einfügen, Symbol, Reiter: Sonderzeichen, geschütztes Leerzeichen*).

Im Englischen setzt man ein halbes, geschütztes Leerzeichen (Latex: `5\,cm`, Word: *Einfügen, Symbol, Reiter: Sonderzeichen, 1/4-Em-Abstand*).[2]

Das Gleiche gilt für Währungen, eine Ausnahme stellt nur das Winkelgradzeichen dar [Neubauer 96, Neubauer 97].

Beispiele (Latex-Quelltext in Klammern):
$a^2 + b^2 = c^2$ (`$a^2+b^2=c^2$`).
$3^2 \text{ m}^2 + 4^2 \text{ m}^2 = 25 \text{ m}^2$ (`$3^2\text{~m}^2 + ...$`).[3]
Eine Temperatur von 32,4 °C (`32,4~$^\circ$C`).
Der Winkel α beträgt 75° (`75$^\circ$`).[4]

---

[2] *Em* bzw. *equal-M* steht für die Breite des Buchstabens Groß-„M" im aktuellen Zeichensatz. Das korrespondierende *Ex* steht für die Höhe eines kleinen „x".

[3] Die Formatierung `\text` entstammt dem Package amstext.

[4] Hier wurde bewusst nicht `\textdegree` bzw. `\textcelsius` aus dem Package textcomp verwendet, da damit u. U. Probleme mit dem Zeichensatz auftreten.

- Für die Auswahl der physikalischen Formelzeichen bzw. Symbole gilt die SI-Norm[5]. Korrekt ist demnach nicht sek oder sec, sondern s und nicht qm, sondern m^2.

- Zwischen Zahl und Prozent- bzw. Promillezeichen steht im Deutschen ein halbes Leerzeichen. In englischen Texten wird kein Zwischenraum gesetzt.

Beispiele:
   Ein Zinssatz von 5 % (`5\,\%`).
   A percentage of 5% (`5\%`).

- Im Deutschen werden Zahl und Nachkommastellen durch ein Komma getrennt und Dreiergruppen von Ziffern zur besseren Lesbarkeit durch Punkte abgetrennt. Im Amerikanischen ist dies umgekehrt.

Beispiele:
   3.500,40 €+ 2.400,60 € = 5.901,00 €.
   3,500.40 $ + 2,400.60 $ = 5,901.00 $.

Eine andere Variante der Dreier-Trennung ist das halbe Leerzeichen (`\,`):
   5 456 300 + 2 500 210 = 7 956 510.

- Die Auslassungspunkte bzw. Ellipsenzeichen werden beim Auslassen eines Wortes mit Leerzeichen, beim Auslassen eines Wortteiles ohne Leerzeichen angeschlossen.

Beispiele:
   Es fehlt ... (`Es fehlt~\dots`).
   Ach du lieber Him... (`Ach du lieber Him\dots`).

---

[5] Système International d'Unités, internationales Einheitensystem.

- In sog. Größengleichungen, also Gleichungen mit einheitenbehafteten Zahlenwerten, galt früher die Konvention, die Einheit hinter das Formelzeichen in eckige Klammern zu setzen.

  Beispiel:
  $H[\text{lx} \cdot \text{s}] = E_v[\text{lx}] \cdot t[\text{s}]$.

  Diese Konvention wurde abgelöst durch die neue Regel, die Einheit nur durch einen Schrägstrich und die nicht-kursive Formatierung abzusetzen [Rohde&Schwarz GmbH 07].

  Beispiel:
  $H/\text{lx} \cdot \text{s} = E_v/\text{lx} \cdot t/\text{s}$.

- In Latex (und auch Word) stehen viele Sonderzeichen zur Verfügung, die auch verwendet werden sollten (vgl. hierzu auch [Template 10, Tabelle 1.1]).

  Beispiele (Latex-Quelltext in Klammern):
  800×600 (`800$\times$600`), statt: 800x600.
  DIN A4 (`DIN\,A4`), statt: DIN Leerzeichen A4).[6]
  →⇒ (`$\rightarrow\Rightarrow$`), statt: ->=>.
  … (`\dots`), statt: ...

- Wörter in der Latex-Formel- bzw. Equation-Umgebung sollten immer gesondert formatiert werden.

  Beispiel:
  x *ganzzahlig* (`$x\text{\emph{ ganzzahlig}}$`), statt
  x *ganzzahlig* (`$x ~ganzzahlig$`).

---

[6] In Wortzusammensetzungen aber mit Bindestrich: DIN-A4-Blatt, DIN-Norm.

- Ein Satz sollte nie mit einer Formel, einem Symbol oder einer Zahl beginnen. Auch sollten nie zwei Formeln direkt oder nur durch ein Satzzeichen getrennt nebeneinander stehen [Neubauer 96, Neubauer 97, Beutelspacher 06].

  Beispiele:
  Schlecht: Berechne nun $a + b, c + d$.
  Besser: Berechne nun $a + b$ und $c + d$.

- Das mathematische Minuszeichen sollte genauso aussehen wie ein Pluszeichen ohne Querstrich. Es sollte also auch im Fließtext hierfür nie der einfache Textbindestrich verwendet werden.

  Beispiele:
  Schlecht: +20 und -50 (`+20 und -50`).
  Besser: +20 und -50 (`$+20$ und $-50$`).

- Bei der Auswahl mathematischer Formelzeichen sollte man sich an die gängigen Benennungen halten. Einige Beispiele für eingeführte Konventionen: Geraden g und h, viele Geraden g_0, g_1, g_2, ..., Punkte P und Q, Vektoren $\mathbf{u}$ und $\mathbf{v}$ oder (klassisch) $\vec{u}$ und $\vec{v}$, Laufvariablen bzw. Indizes i, j, k, Ebene E, Rotationsmatrix R, Funktion $f(x, y, z)$, Mengen $\mathbb{N}$ und $\mathbb{R}$.

  Zu weiterführenden Erläuterungen zur korrekten und anschaulichen Formulierung mathematischer Gedanken vgl. auch [Braune 06, Kap. 12] und [Beutelspacher 06].

A.3 Häufig verwendete Wörter nach der NDR

Stand: Duden, 24. Auflage

Vorbemerkung: Falls die NDR in bestimmten Fällen mehrere Schreibweisen zulässt, so wird hier der Einfachheit und Klarheit halber immer die im Duden empfohlene Rechtschreibung aufgeführt [Duden-Red. 09b, grüne Häkchen].

Die folgende Wortliste hat sich für die zurückliegenden Veröffentlichungen und Korrekturen oft als hilfreich erwiesen. Wenn der Autor aber ein gänzlich anderes Vokabular verwendet, so ist es u. U. sinnvoll, eine eigene Liste mit den oft verwendeten Wörtern zu erstellen, zu drucken und neben dem Schreibtisch an die Wand zu heften.

A.3 Häufig verwendete Wörter nach der NDR

akquirieren	im Wesentlichen	seit Langem
Akquisition	in Bezug	seit Neuestem
anhand	in Form von	seitdem
auf (der) Basis von	indem	selbstständig
aufeinanderfolgend	infolge	sodass
aufgrund	infolgedessen	sogenannte (sog.)
aufs Neue	infrage kommen	somit
aufwendig	inwiefern	stattdessen
bei Weitem	inwieweit	unten stehend
bis auf Weiteres	je nachdem	unten Stehendes
darüber hinaus	Korreferat	unter anderem
darüber hinausgehend	Korreferent	von Nahem
das Neueste	mit seiner Hilfe	von Neuem
des Weiteren	mithilfe	vorangegangen
dieserart	nahe bringen	vorangehen
Fotograf	nahe liegend	wahrnehmen
Fotokopie	naheliegenderweise	weitblickend
grundlegend	nebeneinander	weitgehend
heutzutage	neueste (Sache)	weitgreifend
Hilfe suchend	normiert	weitreichend
im Allgemeinen	Nummerierung	weitaus
im Folgenden	ohne Weiteres	zielgerichtet
imstande sein	Potenzial	zugrunde legen
im Übrigen	potenziell	zugrunde liegend
im Vorangehenden	rau	zu Hilfe kommen
im Voraus	Rauigkeit	zunutze machen
im Weiteren	seit Kurzem	zurate ziehen

Tabelle A.1. Häufig verwendete Wörter nach der NDR.

A.4 Gebräuchliche Abkürzungen

Abkürzungen, die nicht abgekürzt ausgesprochen werden, werden grundsätzlich mit Punkten abgekürzt. Wenn die Abkürzung mehrteilig ist, dann stehen Leerzeichen zwischen den Bestandteilen [Neubauer 96].

Im Idealfall wird als Leerzeichen ein halbes, vor Zeilenumbrüchen geschütztes Leerzeichen verwendet, welches in Latex durch "\," realisierbar ist. Das Ergebnis ist damit beispielsweise „a. a. O" statt „a. a. O." oder „a.a.O.".

Einige wenige Ausnahmen wie „usw." und „etc." bestätigen die Regel.

A.4 Gebräuchliche Abkürzungen

a. a. O.	am angegebenen Orte
AA	Adobe Acrobat
AAP	Adobe Acrobat Professional
AAP	Association of American Publishers
Abb.	Abbildung
Abk.	Abkürzung
ad lib.	ad libitum (beliebig)
Alg.	Algorithmus
ANSI	American National Standard Institute
Anz.	Anzahl, Anzeige
Aufl.	Auflage
Ausg.	Ausgabe
Bd.	Band
Bearb., bearb.	Bearbeiter, bearbeitet
begr.	begründet
ber.	berichtigt
bes.	besonders
Bez.	Bezeichnung
Bsp., bspw.	Beispiel, beispielsweise
bzw.	beziehungsweise
c. t.	cum tempore (mit zusätzlichen 15 Min.)
ca.	circa, etwa
d. h.	das heißt
Darst.	Darstellung
ders.	derselbe
DFG	Deutsche Forschungsgemeinschaft
DIN	Deutsches Institut für Normung
Diss.	Dissertation
DNS	Domain Name System
do., dto.	dito, dasselbe
dpi	dots per inch
DTP	Desktop Publishing
e. g.	exempli gratia (zum Beispiel)
ebd.	ebenda, an derselben Stelle
Ed., ed.	Edition, edited
E-Mail	electronic mail (deutsche Abk.)
EN	Europäische Norm
Eng.	Engineer (Ingenieur), Engineering
engl.	englisch
EPS	Encapsulated Postscript

Tabelle A.2. Gebräuchliche Abkürzungen, I.

erg.	ergänzt
ern.	erneuert
erw.	erweitert
et al.	et alii (und andere (Autoren))
etc.	et cetera (und so weiter)
evtl.	eventuell
exkl.	exklusive
f. d. R.	für die Richtigkeit
f., ff.	folgende, fortfolgende
Fax	Telefax, Telefaksimile (Fernkopie)
Forts.	Fortsetzung
ggf.	gegebenenfalls
GNU	GNU is not UNIX
H.	Heft
Habil.	Habilitationsschrift
HLA	High Level Architecture
Hrsg.	Herausgeber
hrsg. v.	herausgegeben von
HTML	Hypertext Markup Language
i. A.	im Auftrag
i. Allg.	im Allgemeinen (früher: i. a.)
i. d. R.	in der Regel
i. e.	id est (dies ist)
ib., ibid.	ibidem (ebenda, am angeführten Ort)
IDE	Integrated Development Environment
IEEE	Institute of Electrical and Electronics Eng.
Int.	International
ISBN	Int. Std. Book No.
ISO	Int. Standardisation Organisation
ISSN	Int. Std. Serial No.
J.	Journal
Jg.	Jahrgang
M. A., MA	Master of Arts, Magister Artium
m. E.	meines Erachtens
math.	mathematisch
mind.	mindestens
Mwst.	Mehrwertsteuer
N. B., NB	nota bene (beachte)
N. N.	nomen nominandum (der zu nennende)
NDR	neue deutsche Rechtschreibung

Tabelle A.3. Gebräuchliche Abkürzungen, II.

A.4 Gebräuchliche Abkürzungen

No.	Number, Nummer bei engl. Quellen
Nr.	Nummer
o. ä.	oder ähnlich
o. B. d. A., oBdA	ohne Beschränkung der Allgemeinheit
o. g.	oben genannt
o. J.	ohne Jahr (für Quellenangaben)
o. O.	ohne Ort (für Quellenangaben)
PDF	Portable Document Format (von AA)
Pixel, px	Picture Element
Pl.	Plural
pp.	Pages, Seiten
ppi	pixel per inch
Proc. of Int. Conf. on	Proceedings of the Int. Conference on ...
PS	Postscript
PS, PPS	post scribere, Nachtrag; zweiter Nachtrag
pt	Punkt (Maß für die Höhe einer Schrift)
q. e. d.	quod erat demonstrandum
repr.	reprinted (Neudruck)
resp.	respektive
S.	Seite
s. o.	siehe oben
s. t.	sine tempore (ohne zusätzliche Zeit)
s. u.	siehe unten
sic, [sic!]	so, auf diese Weise (wörtl. Zitat)
sog.	sogenannte
Std.	Standard
SVN	Subversion
Tab.	Tabelle
Trans.	Transactions (Abhandlungen, Berichte)
ttf	TrueType Font
u. a.	unter anderem
u. E.	unseres Erachtens
u. U.	unter Umständen
UML	Unified Modeling Language
URL	Uniform Resource Locator
urspr.	ursprünglich
usf.	und so fort
usw.	und so weiter
verb.	verbessert
Verf.	Verfasser

Tabelle A.4. Gebräuchliche Abkürzungen, III.

Verl.	Verlag
Verz.	Verzeichis
vgl.	vergleiche
VLB	Verzeichnis lieferbarer Bücher
Vol.	Volume (engl. für Band)
vs.	versus (gegen)
w. o.	wie oben
z. B.	zum Beispiel
z. Hd.	zu Händen
z. T.	zum Teil
Ziff.	Ziffer
zus.	zusammen
zz.	zu zeigen (mathematisch)
zzgl.	zuzüglich

Tabelle A.5. Gebräuchliche Abkürzungen, IV.

A.5 Stil

Eine der ersten Fragen, die beim Verfassen einer Arbeit auftreten, ist jene nach der optimalen Zeitform und nach dem Aktiv oder Passiv: „In dieser Arbeit habe ich gezeigt, dass ... ", „Wir werden nun beweisen, dass ... ", usw. usf.

Auf der sicheren Seite ist man erfahrungsgemäß mit der unpersönlichen Form im Präsens: „Das Ziel der vorliegenden Diplomarbeit ist es, zu beweisen, dass die Erde rund ist."

Erst ab dem Ergebniskapitel kann bzw. sollte ein temporärer Wechsel zur Vergangenheitsform erfolgen: „Im vorstehenden Text wurde gezeigt, dass ... ".

Weiterhin sollten Superlative vermieden werden (maximal, der Größte, am schnellsten), es sollte das Wort „sehr" nach Möglichkeit umgangen werden; es sollte generell einfach ein wenig Feingefühl im Stil angewandt werden: nicht *Benutzer*, sondern *Anwender*; nicht *nötig*, sondern *notwendig*; nicht *Unterkapitel* oder *Sektion*, sondern *Abschnitt*.

Am einfachsten eignet man sich das hierfür erforderliche Feingefühl über das Lesen an. Wer besonders opportunistisch veranlagt ist, fragt seinen Betreuer bzw. Professor nach gelungenen Arbeiten oder Veröffentlichungen und schaut sich hier die Formulierungen und vielleicht auch einiges zu Aufbau und Gliederung ab.

Interessant, hilfreich und unterhaltsam sind auch die bereits angesprochenen Bücher von Bastian Sick [Sick 06] und der Leitfaden zum Wikipedia-Buchprojekt [Fiebig 05].

B

Korrekte Grafiken

B.1 Einleitung

„Ein Bild sagt mehr als 1000 Worte", so der Volksmund. Das klingt gut, gilt aber sicherlich nur, wenn bei der Gestaltung der Abbildung gewisse Regeln eingehalten werden. Im unten stehenden Text werden hierzu die wichtigsten Grundregeln erklärt und an Beispielen verdeutlicht. Wer tiefer in die Kunst des Technischen Zeichnens und in die zugehörigen Normen einsteigen will, der sei auf [Hoischen 88] verwiesen.

B.2 Die wichtigsten Regeln in Kürze

Eine besonders schlimme und leider auch verbreitete Sünde ist die Verwendung von *Pixelbildern*, wo die Verwendung von Vektorgrafiken möglich und angebracht wäre. Hierdurch wird der Ausdruck qualitativ schlechter und das

Dokument unnötig aufgebläht; weiterhin ist die Abbildung nicht mehr verlustfrei skalierbar. Natürlich verleitet mittlerweile das Internet bzw. generell die binäre Verfügbarkeit der Quellen zum einfachen Copy-and-Paste des gewünschten Bildmaterials. Es ist aber zu bedenken, dass hierunter die optische Qualität einer Arbeit stark leiden kann: Die Grafiken sind pixelig und die Form ist nicht mehr einheitlich. Weiterhin sind bei einer solchen Vorgehensweise natürlich nicht nur inhaltliche Quellen, sondern auch Bildquellen zu nennen. Es hat also viele Vorteile, auch bereits binär vorliegende Grafiken mit einem Vektorzeichenprogramm dem eigenen Stil angepasst und in guter Qualität neu zu erstellen.

Ausnahmen stellen naturgemäß Fotografien und Screenshots dar, da diese nur in bildhafter Form vorliegen. Werden diese allerdings mit Text, Pfeilen o. ä. beschriftet, so sollte dies wiederum in Vektorform geschehen. Hierzu kann das Pixelbild in ein Vektorzeichenprogramm (CorelDRAW, Word, Visio, ...) importiert werden, um dann auf dem unterlegten Pixelbild zu skizzieren und zu beschriften.

Wenn in einem solchen Vektorgrafikprogramm gearbeitet wird, so sollte immer ein *Raster* verwendet werden, die Zeichnungselemente sind *bündig* zu setzen, auszurichten und ggf. zu zentrieren.

Indianerpfeile und andere Pfeilexperimente, uneinheitliche Linienstärken, unnötige Einfärbungen und Schattierungen sollten genauso vermieden werden wie eine andere Formatierung der Beschriftungen als im umfließenden Text (die Formatierung sollte identisch sein in Font und Größe).

Eine *Hinauf- oder Hinunterskalierung* der Grafik im Zuge der Einbettung in das Textdokument (und die damit verbundene Veränderung der Linienstärken und Fontgrößen) kann vermieden werden, wenn im Zeichenprogramm ein Rahmen mit der Breite der späteren Einbettung als Arbeitsbereich skizziert wird (vgl. hierzu auch [Template 10]: kommentierte Beispielgrafiken im Unterverzeichnis \BilderKap1]).

Wenn mit *Screenshots* gearbeitet wird, so empfiehlt sich ausnahmsweise abweichend vom JPG-Format das PNG-Format als Austauschformat, da es keine Interpolationsartefakte aufweist.

Abschließend sei nochmals auf das Problem der fehlenden *Schrifteneinbettung* hingewiesen. Eine kurze Kontrolle nach Erstellen der Grafik kann eine spätere, langwierige Suche nach der Ursache fehlender Schriften im fertiggestellten Dokument ersparen (vgl. Abschnitt 5.10).

B.3 Beispiele

Die nachfolgende Abbildung B.1 enthält Darstellungen des gleichen Sachverhaltes, einmal in einer Form, die fast allen o. g. Regeln widerspricht, einmal in einer besser gewählten Form. Es fällt auf, dass die zweite Abbildung nicht nur optisch ansprechender wirkt, sondern auch den Sachverhalt klarer, präziser und knapper ausdrückt.

Beide Zeichnungen wurden mit dem Zeichnungsmodul MS Word Draw von MS Word erstellt und per Adobe PDF-Druckertreiber in ein PDF-Dokument exportiert. Mit anderen Programmen wie CorelDRAW, MS Visio oder XFig sind selbstverständlich gleichwertige Ergebnisse möglich.

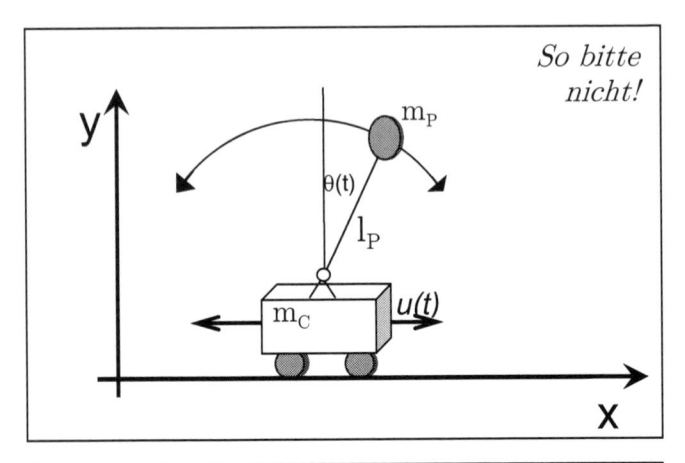

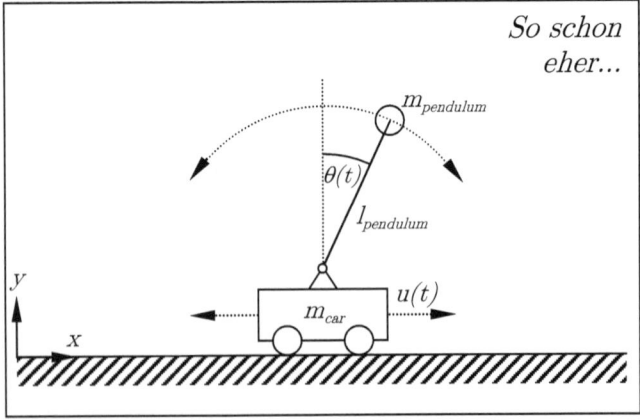

Abb. B.1. Beispiel: Inverses Pendel (oben: übertrieben ungünstige Art der Darstellung, unten: klarere Form gem. den erklärten Regeln).

B.3 Beispiele 113

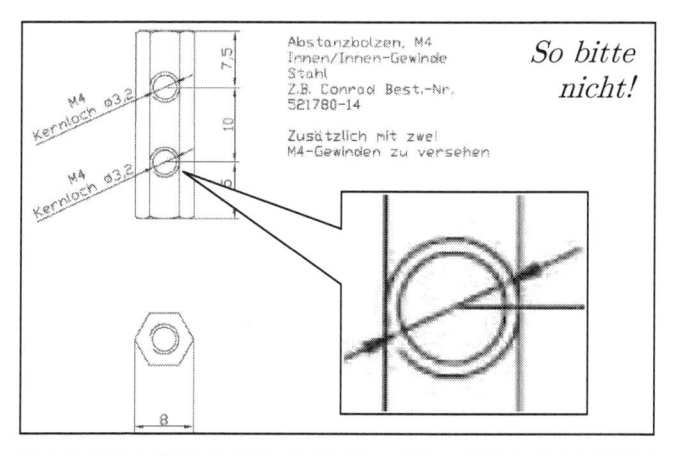

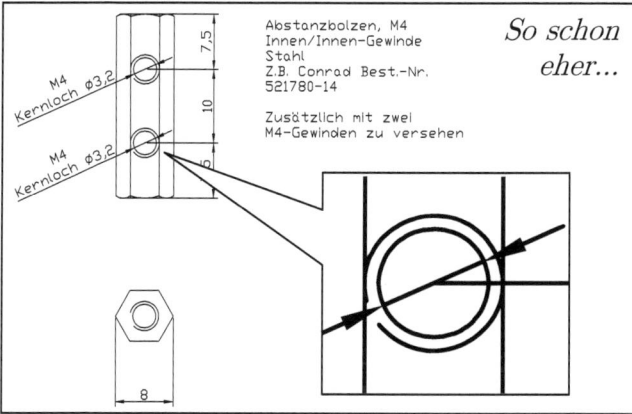

Abb. B.2. Beispiel: Technische Zeichnung (oben: pixeliger Screenshot, unten: Vektorgrafik).

B Korrekte Grafiken

Abbildung B.2 zeigt eine Gegenüberstellung von Pixel- und Vektorgrafik. Die Grafik wurde auf zwei Arten einem PDF-Dokument entnommen: einmal durch einen einfachen Screenshot, das zweite Mal auf die Art und Weise, wie sie in den Abschnitten 4.3 und 5.2 beschrieben ist.

Zu weiteren kommentierten Zeichnungsbeispielen vgl. auch [Template 10]. Die Zeichnungen befinden sich in folgendem Unterverzeichnis:

`..\BilderKap1`

Besonders interessant ist die folgende Datei. Sie enthält mehrere durchgängig kommentierte Beispiele:

`..\BilderKap1\Zeichenbeispiel-01.doc`

C

Latex-Vorlagen

C.1 Einleitung

Wie bereits im vorstehenden Text angesprochen, existieren zum Leitfaden begleitende, online frei verfügbare Vorlagen für Studien- und Diplomarbeiten sowie für Dissertationen und Fachbücher (http://www.formbuch.de). Auf den folgenden Seiten wird die Installation der notwendigen Tools unter Windows und die Verwendung der Vorlagen beschrieben.

Die Vorlagen sind in Latex (MiKTeX) erstellt und machen zusammen mit der Installationsanleitung den Einstieg denkbar einfach. Aber auch denjenigen, die mit MS Word oder OpenOffice arbeiten möchten oder müssen, sollten die Templates in vielen Belangen helfen [Template 10].

C.2 Verwendung

C.2.1 Installation von MiKTeX, TeXnicCenter und Acrobat Reader

1. MiKTeX-Installation von [MiKTeX 10]. Auswahl: „Install a complete MiKTeX-System". Auswahl der neuesten Nicht-Beta-Version. Download und Start des Installers. Der Installer geht daraufhin online und beginnt den Download. Nach Beendigung des Downloads muss man den Installer ein zweites Mal starten und „Installation" auswählen. Dieser Vorgang läuft automatisch ab, braucht allerdings rund eine Stunde Zeit und rund 700 MByte Speicherplatz auf der Festplatte.

2. Adobe Reader-Installation von [Adobe Inc. 10b]. Ausgewählt werden sollte die neueste Version, die Pfade sollten auf den Standardeinstellungen belassen werden.

3. TeXnicCenter-Installation von [GNU 10e]. Wie oben.

4. Template-Download von [Template 10]. Das Template liegt als komprimiertes Archiv vor und ist in ein frei wählbares Verzeichnis zu entpacken.

Nun erfolgt die Einrichtung: Der Anwender muss hierbei den Adobe Reader als Betrachter bestätigen und den Ort der ausführbaren Dateien von MiKTeX angeben (Bsp.: `C:\Programme\MiKTeX 2.6\miktex\bin`). Jetzt kann die Projektdatei Diplomarbeit.tcp mit Doppelklick geöffnet werden (öffnen mit ...). Ordnen Sie hier das TeXnicCenter zu, dann wird dieser Editor zukünftig bei Aufruf der TCP-Projektdateien automatisch gestartet. Nachdem nun das TeXnicCenter geöffnet ist, ist hier noch oben in der Titelleiste der Eintrag `LaTeX=>DVI` umzustellen auf `LaTeX=>PDF`.

C.2 Verwendung

Zu den weiteren Einstellungen vgl. die nachfolgenden Screenshots.

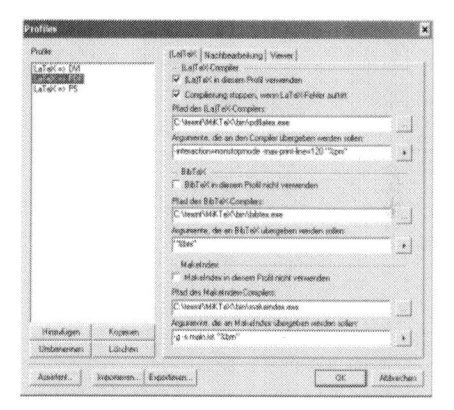

Abb. C.1. Notwendige Einstellungen im TeXnicCenter, I.

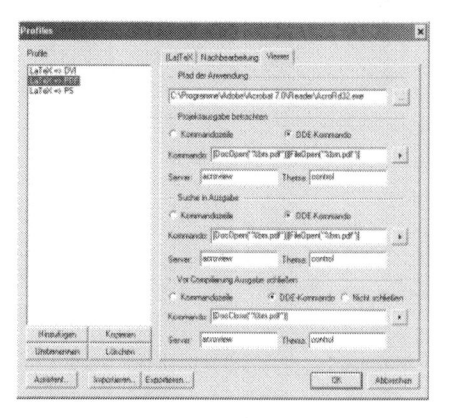

Abb. C.2. Notwendige Einstellungen im TeXnicCenter, II.

118 C Latex-Vorlagen

Ctrl-F5 startet die Übersetzung des Dokumentes in ein PDF. Dieser Vorgang muss bei veränderten Referenzen immer dreimal durchgeführt werden, um alle Bibliografie- und Indexeinträge korrekt zuzuordnen.

Unter Verwendung des Programms Texify kann dieser Ablauf automatisiert werden (Texify wird mit MiKTeX mitgeliefert). Hierzu wird im TeXnicCenter folgendermaßen ein neues Ausgabeprofil definiert:

1. Im Menü wird ausgewählt: *Ausgabe, Ausgabeprofile definieren*, dann in der Auswahlbox: `LaTeX => PDF`.

2. Jetzt wird dieses Profil kopiert und umbenannt zu `Texify => PDF`.

3. Die Einstellungen werden abgeändert entsprechend Abbildung C.3 und der neue Compile-Modus wird im Menü durch die Umstellung von `LaTeX => PDF` auf `Texify => PDF` eingestellt.

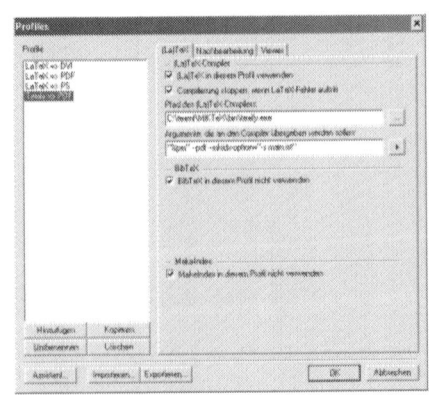

Abb. C.3. Notwendige Einstellungen im TeXnicCenter, III.

Zum weiteren Umgang mit Latex bzw. MiKTeX sind im Quellenverzeichnis die Bezugsquellen der folgenden besonders empfehlenswerten, freien Online-Dokumente und einiger Bücher (*) genannt:

[Erbsland 07], [Harders], [Jürgens 95], [Jürgens 00], [Lamprecht 00], [Schmidt 03], [Kopka 05]*, [Braune 06]*, [Braune 08]*, [Niedermair 06]*.

C.2.2 Latex-Templates

Die Latex-Templates sollten ursprünglich vorrangig den Studenten und Mitarbeitern der Informatik und der Ingenieurswissenschaften der Universität Karlsruhe als Vorlage für die Erstellung von Studien- und Diplomarbeiten sowie von Dissertationen und Fachbüchern dienen. Natürlich stehen sie aber auch jedem anderen Autor zur Verfügung, der Nutzen daraus ziehen kann. Am Beispiel des Templates für Diplomarbeiten sollen kurz Aufbau und Verwendung gezeigt werden:

1. Das Deckblatt, das Quellenformat und das Format des Gesamtdokumentes entsprechen dem Stil und den Auflagen, wie sie bei uns am Lehrstuhl festgelegt sind.

2. Die Gliederung der Kapitel (Chapters) kann erfahrungsgemäß zu rund 50 % bis 70 % übernommen werden, muss aber entsprechend angepasst und in Sections und Subsections ausgebaut werden. Somit ist das Rahmenwerk festgelegt.

3. Im Fülltext (lorem ipsum ...) sind viele Beispiele zu fast allen relevanten Einbettungsobjekten eingefügt: Tabellen, Formeln, Vektorgrafiken (CAD, UML-Diagramme, ...), Pixelbilder (Fotos, Screenshots),

Charts und Algorithmen. Weiterhin sind die Bilddateien in den Unterverzeichnissen oft intern nochmals dokumentiert.

4. Der erklärende Text zu den Einbettungsobjekten oder anderen Formatierungsmerkmalen ist in roter Schrift gehalten.

5. Wenn statt des verwendeten Report-Styles der sog. Article-Style verwendet werden soll, so sind die Chapters durch Sections, die Sections durch Subsections usw. zu ersetzen. Wenn gewünscht wird, die Kapitelanfänge auf rechter Seite beizubehalten, so ist weiterhin folgende Anpassung notwendig: In der Datei Diplomarbeit.tex ist nach jedem \include ein \cleardoublepage einzufügen.

Es ergeben sich entsprechend zwei Anwendungsszenarien:

1. Als Rahmenwerk. Hierfür können Deckblatt, Hauptdokument und Kapitel-Dateien verwendet und mit eigenem Inhalt gefüllt werden. Der ursprüngliche Text der Kapitel-Dateien wird also einfach gelöscht bzw. überschrieben.

2. Als Nachschlagewerk für bestimmte Formatierungen. Wenn beispielsweise in der Diplomarbeit eine Grafik eingefügt werden soll, so kann der Anwender im PDF-Dokument eine ähnliche Grafik suchen, den Kommentar in roter Schrift hierzu studieren und den zugrunde liegenden Latex-Quelltext einsehen.

C.2.3 BibTeX

Die Latex-Templates enthalten zwei auf verschiedene Arten erstellte Quellenverzeichnisse. Das erste Verzeichnis wurde ohne das BibTeX-Tool durch direktes Editieren einer TEX-Datei (`Literatur.tex`) erstellt. Ein Beispieleintrag:

```
\bibitem[Dang 06]{dang06} T. Dang, C. Stiller,
C. Hoffmann. Self-calibration for Active
Automotive Stereo Vision. Proc. of the IEEE
Intelligent Vehicles Symposium, Seiten 364--369,
Japan, Tokyo, 2006.
```

Für das zweite Verzeichnis wurde zuerst mittels [Alver 10, JabRef] die Literaturdatenbank `Bibliografie.bib` erstellt, unter Verwendung von BibTeX und auf Basis der Style-Datei `ka-style.bst` formatiert und in das Dokument eingebunden. Zu den notwendigen Einstellungen im TeXnicCenter vgl. Abschnitt C.2.1.

Zu weiterführender Literatur zu BibTeX vgl. die Latex-Quellen am Ende von Abschnitt C.2.1 und speziell [Höppner 01, Daly 99, Shell 10, Raichle 02]. Hier finden sich auch Informationen zur Erstellung eigener BST-Styles mittels MakeBST oder durch explizite Programmierung.

C.2.4 MakeIndex

Zur Vollständigkeit ist den Latex-Templates auch ein Index bzw. Sachverzeichnis mitgegeben worden. Für die Umsetzung eines zweispaltigen Styles wird die Style-Datei `main.ist` verwendet. Der Inhalt ist sehr übersichtlich, das Ergebnis entspricht dem Sachverzeichnis des vorliegenden Buches.

Inhalt der Datei `main.ist`:

```
quote '+'
delim_0 "\\dotfill"
delim_1 "\\dotfill"
delim_2 "\\dotfill"
headings_flag 1
```

Die Indexerstellung erfordert eine kleine Anpassung des TexnicCenters: *Projekt, Eigenschaften, Verwendet MakeIndex [×]*. Zu weiteren notwendigen Einstellungen im TeXnicCenter vgl. Abschnitt C.2.1. Indexeinträge werden im Text eingefügt mittels \index{hier-steht-der-Text}, ansonsten erfolgt die Indexerstellung automatisch. Zur Bedeutung der Einträge in `main.ist` und zu weiterführenden Informationen zur Indexerzeugung mittels MakeIndex vgl. beispielsweise [Niedermair 06, Kap. 8.5.5].

C.3 Inhalt des Archivs

Nach dem Entpacken des ZIP-Archivs ergibt sich folgende Verzeichnisstruktur:

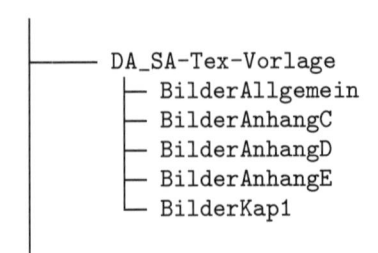

```
├──── DA_SA-Tex-Vorlage
      ├─ BilderAllgemein
      ├─ BilderAnhangC
      ├─ BilderAnhangD
      ├─ BilderAnhangE
      └─ BilderKap1
```

Abb. C.4. Verzeichnisstruktur zum Latex-Template.

Es folgt die Auflistung und Erläuterung der einzelnen Dateien im Template-Verzeichnis:

Diplomarbeit.tcp: TexnicCenter-Projektdatei
Diplomarbeit.tps: TexnicCenter-Sitzungsdatei
Diplomarbeit.pdf: Ausgabe-PDF-Datei
Diplomarbeit.tex: TEX-Hauptdatei
saeubern.bat: Löscht unnötige Dateien

TEX-Dateien für die Kapitel

Titelblatt.tex
Erlaeuterungen.tex
Einfuehrung.tex
StandDerTechnik.tex
Grundlagen.tex
Umsetzung.tex
Systemarchitektur.tex
ExperimentelleValidierung.tex
Schlussbetrachtungen.tex
Ausblick.tex

TEX-Dateien für den Anhang

Anhang_Mathematik.tex
Anhang_FormatDerParameterdateien.tex
Anhang_Quelltexte.tex
Anhang_Datenblaetter.tex
Anhang_Glossar.tex

Dateien für die zwei Literaturverzeichnisse und die Indexerstellung

`Literatur.tex`: Literatur (ohne BibTeX)
`bibliografie.bib`: Literatur zu Latex, MiKTeX usw.
`ka-style.bst`: BibTeX-Style-Datei
`main.ist`: Index-Style-Datei

C.4 Lizenz

Das Template darf angepasst, verändert, erweitert und auch kommerziell vertrieben werden. Die einzige Auflage ist, dass die Quelle des Templates in den Literaturquellen genannt und im Text als Quelle referenziert wird. Hierzu ist dem Text ein kurzer Satz beizufügen, und am Ende ist die Quelle einzufügen:

- Einzufügende Textzeile (Fußnote):

  Der vorliegende Text ist auf Basis des Latex-Templates zu [1] erstellt.

- Einzufügende zugehörige Quelle:

  [1] T. Gockel. Form der wissenschaftlichen Ausarbeitung. Springer-Verlag, Heidelberg, 2008. Begleitende Materialien unter `<http://www.formbuch.de>`.

Weiterhin ist es sinnvoll, bei der Weitergabe des Templates die Latex-Quellen und die PDF-Datei nicht zu trennen.

Literaturverzeichnis

[Active State Inc. 10] Active State Inc. Active Perl, freier Perl-Interpreter für Windows. Online-Quelle. `<http://www.activestate.com/Products/activeperl>`.

[Adobe Inc. 10a] Adobe Inc. Adobe Acrobat Professional. Online-Quelle. `<http://www.adobe.com/de/products/acrobat>`.

[Adobe Inc. 10b] Adobe Inc. Adobe Reader. Online-Quelle. `<http://www.adobe.com/de/products/acrobat/readstep2.html>`.

[Adobe Inc. 10c] Adobe Inc. Photoshop. Online-Quelle. `<http://www.adobe.com/de/products/photoshop/family>`.

[Alver 10] M. O. Alver, N. Batada. JabRef-OpenSource-Literaturverwaltung für Windows und Linux. Online-Quelle. `<http://jabref.sourceforge.net>`.

[Azarm 96] K. Azarm, G. Schmidt. A decentralized approach for the conflict-free motion of multiple mobile robots. Tagungsband: Proc. of the IEEE Int. Conf. on Intelligent Robots and Systems (IROS), Seiten 1667–1674, Osaka, Japan, 1996.

[Baggott 07] J. Baggott. Matrix oder wie wirklich ist die Wirklichkeit. Rowohlt-Verlag, Reinbek bei Hamburg, 2007.

[Beutelspacher 06] A. Beutelspacher. „Das ist o.B.d.A. trivial!" – Tipps und Tricks zur Formulierung mathematischer Gedanken. Vieweg-Verlag, Wiesbaden, 8. Auflage, 2006.

[Bleymehl 96] J. Bleymehl, R. A. Krohling, T. Gockel. Tuning a PID-Controller Using Genetic Algorithms. Int. Journal on Automation, Robotics and Control (aurocon), 1(1):23–29, 1996.

[BoD 10] BoD. Books on Demand GmbH, Leistungsspektrum und Informationsmaterial. Online-Quelle. <http://www.bod.de>.

[Braune 06] K. Braune, J. Lammarsch, M. Lammarsch. Latex. Das Basissystem. Springer-Verlag, Heidelberg, 2006.

[Braune 08] K. Braune, J. Lammarsch, M. Lammarsch. Latex. Fonts, Layout, Markup. Springer-Verlag, Heidelberg, 2008.

[Braune 09] K. Braune, J. Lammarsch, M. Lammarsch. Latex. Werkzeuge, Grafik, WWW. Springer-Verlag, Heidelberg, 2009.

[Bronstein 89] I. N. Bronstein, K. A. Semendjajew. Taschenbuch der Mathematik. Verlag Harri Deutsch, Thun, 1989.

[Bundesgesetzblatt 10] Bundesgesetzblatt. Das Bundesgesetzblatt im Internet. Online-Quelle (zum Lesen frei verfügbar). <http://www.bundesgesetzblatt.de>.

[Collberg 03] C. Collberg, S. Kobourov. Self-Plagiarism in Computer Science. Internal Report, Online-Quelle. <http://splat.cs.arizona.edu/sp.pdf>.

[Copernic Inc. 10] Copernic Inc. Copernic Desktop Search (V2). Online-Quelle. <http://www.copernic.com>.

[Corel Inc. 10a] Corel Inc. Bildbearbeitungsprogramm Paint Shop Pro. Online-Quelle. <http://www.corel.com>.

[Corel Inc. 10b] Corel Inc. Bildbearbeitungsprogramm Photo-Paint, Bestandteil von CORELDraw. Online-Quelle. <http://www.corel.com>.

[Corel Inc. 10c] Corel Inc. Vektorzeichenprogramm CorelDRAW. Online-Quelle. <http://www.corel.com>.

[CTAN 10] CTAN. pdfcrop.pl-Perl-Skript zum Beschnitt von PDFs. Online-Quelle. <http://www.ctan.org/tex-archive/support/pdfcrop>.

[Daly 99] P. Daly. Customizing Bibliographic Style Files. Online-Quelle. <http://www.ctex.org/documents/packages/bibref/makebst.pdf>.

Literaturverzeichnis

[Darkleo 10] Darkleo. Darkshot Screenshot-Utility. Online-Quelle. <http://www.darkleo.com/darkleo/download/darkshot.htm>.

[Design Science Inc. 07] Design Science Inc. TeXaide-Formeleditor für Latex unter Windows (V4.0a). Online-Quelle. <http://www.dessci.com/en/products/texaide>.

[DFG 98] DFG. Empfehlungen der Kommission zur Selbstkontrolle in der Wissenschaft – Vorschläge zur Sicherung guter wissenschaftlicher Praxis. Online-Quelle. <http://www.dfg.de/aktuelles_presse/reden_stellungnahmen/download/empfehlung_wiss_praxis_0198.pdf>.

[DIN 1505 84] DIN 1505. Teil 2: Titelangaben von Dokumenten: Zitierregeln. Teil 3: Titelangaben von Dokumenten: Verzeichnisse zitierter Dokumente (Literaturverzeichnisse). 1984.

[Duden-Red. 09a] Duden-Red. Die deutsche Rechtschreibung. Bibliographisches Institut, Mannheim, 25. Auflage, 2009. <http://www.duden.de>.

[Duden-Red. 09b] Duden-Red. Duden-CD (in bestimmten Ausgaben dem Duden beigefügt). Online-Quelle. <http://www.pc-bibliothek.de>.

[Erbsland 07] T. Erbsland. Diplomarbeit mit Latex. Online-Quelle. <http://dml.drzoom.ch>.

[Fiebig 05] H. Fiebig. Wikipedia – Das Buch. Zenodot Verlagsgesellschaft mbH, Berlin, 2005. <http://upload.wikimedia.org/wikipedia/de/8/8b/WikiPress_1_Wikipedia.pdf>.

[Gerber 08] T. Gerber. Buch 2.0 – Wie die Evolution der Digitaldrucktechnik den Buchmarkt revolutioniert. Computermagazin Technik (c't), Heise-Verlag, Heft 3:86–87, 2008.

[Gerteis 07] W. Gerteis, T. Gockel. Angepasste BibTeX-Vorlage (dissmk.bst bzw. ka-style.bst). Universität Karlsruhe (TH), FB Informatik, Online-Quelle. <http://www.formbuch.de>.

[Gerthsen 86] C. Gerthsen, H.O. Kneser, H. Vogel. Physik. Springer-Verlag, Heidelberg, 16. Auflage, 1986.

[GNU 10a] GNU. a2ps-Pretty-Printer for Windows. Online-Quelle. <http://www.gnu.org/software/a2ps/>.

[GNU 10b] GNU. GIMP GNU Image Manipulation Program. Online-Quelle. <http://www.gimp.org>.

[GNU 10c] GNU. Gnuplot-Funktionsplotter für Windows und Linux. Online-Quelle. <http://www.gnuplot.info>.

[GNU 10d] GNU. Grep-Tool für das Suchen und Ersetzen in Textdateien für Windows. Online-Quelle. <http://gnuwin32.sourceforge.net/packages/grep.htm>.

[GNU 10e] GNU. Latex-Editor TeXnicCenter für Windows. Online-Quelle. <http://www.texniccenter.org>.

[GNU 10f] GNU. Postscript-Interpeter GhostScript und PS-Viewer Ghostview für Linux und Windows. Online-Quelle. <http://pages.cs.wisc.edu/~ghost>.

[Gockel 08] T. Gockel. Book-on-Demand beim BoD-Verlag – Ein Erfahrungsbericht. Online-Report. <http://formbuch.de/downloads.html>.

[Google Inc. 10] Google Inc. Google Desktop. Online-Quelle. <http://desktop.google.com/de>.

[Harders] H. Harders. Erstellen von Büchern für den Teubner Verlag mit LATEX. Online-Quelle. <http://www.ctan.org/tex-archive/macros/latex/contrib/bgteubner/doc/bgteubner.pdf>.

[Hoischen 88] H. Hoischen. Technisches Zeichnen. Cornelsen-Verlag, Berlin, 22. Auflage, 1988.

[Höppner 01] K. Höppner. Einführung in BibTeX. Vortrag auf dem DANTE-User-Forum, Online-Quelle. <http://archiv.dante.de/dante2001/handouts/hoeppner-bibtex/vortrag.pdf>.

[Jürgens 00] M. Jürgens. Latex – eine Einführung und ein bisschen mehr. FernUniversität Hagen, Universitätsrechenzentrum, Online-Quelle. <ftp://ftp.fernuni-hagen.de/pub/pdf/urz-broschueren/broschueren/a0260003.pdf>.

[Jürgens 95] M. Jürgens. Latex – fortgeschrittene Anwendungen. FernUniversität Hagen, Universitätsrechenzentrum, Online-Quelle. <ftp://ftp.fernuni-hagen.de/pub/pdf/urz-broschueren/broschueren/a0279510.pdf>.

[Kopka 05] H. Kopka. LATEX, Band 1–3. Pearson Studium-Verlag, München, 2005.

[Lamprecht 00] H. Lamprecht. Latex2e – Eine Einführung. Online-Quelle. <http://www.heiner-lamprecht.net/uploads/media/Handbuch.pdf>.

[MacKichan Inc. 10] MacKichan Inc. Scientific Word auf Latex-Basis. Online-Quelle. <http://www.mackichan.com>.

[MAY GmbH 10] MAY GmbH. Freier eDocPrintPro-PDF-Druckertreiber. Online-Quelle. <http://www.pdfprinter.at/de/>.

[Menche 06] B. Menche, C. Russ. Urheberrecht für Dummies (Broschüre ohne ISBN; interne WN: 90 44 03). Wiley-VCH Verlag, Weinheim, 1. Auflage, 2006. Die Broschüre ist beim Verlag bei Einsendung eines frankierten DIN-C5-Rückumschlages erhältlich.

[Merriam-Webster 10] Merriam-Webster. Online-Dictionary für die englische Sprache. Online-Quelle. <http://www.merriam-webster.com>.

[Microsoft Inc. 10] Microsoft Inc. MS Office (Word, Powerpoint, Excel, Visio). Online-Quelle. <http://office.microsoft.com/de-de>.

[MiKTeX 10] MiKTeX. MiKTeX Projekt-Website. Online-Quelle. <http://miktex.org>.

[Moshella 10] S. Moshella. Photoshopähnliches GIMP-Derivat GIMPShop (V2.1). Online-Quelle. <http://www.gimpshop.com>.

[MWK-BW 01] MWK-BW. Merkblatt des Ministeriums für Wissenschaft, Forschung und Kunst Baden-Württemberg für die Behandlung von Diplomarbeiten an Staatlichen Fachhochschulen. Online-Quelle. <http://fh-offenburg.de/fhoportal/files/fho/merkblatt.pdf>.

[Neubauer 96] M. Neubauer. Feinheiten bei wissenschaftlichen Publikationen – Mikrotypographie-Regeln, Teil I. Online-Zeitschrift „Die TEXnische Komödie". <http://www.dante.de/tex/Dokumente/dtk-neubauer-Teil1.pdf>.

[Neubauer 97] M. Neubauer. Feinheiten bei wissenschaftlichen Publikationen – Mikrotypographie-Regeln, Teil II. Online-Zeitschrift „Die TEXnische Komödie". <http://www.dante.de/tex/Dokumente/NeubauerII.pdf>.

[Niedermair 06] E. Niedermair, M. Niedermair. LaTeX – Das Praxisbuch. Franzis-Verlag, Poing, 3. Auflage, 2006.

[OpenThesaurus 10] OpenThesaurus. Freier Online-Thesaurus für die deutsche Sprache. Online-Quelle. <http://www.openthesaurus.de>.

[Plotsoft Inc. 10] Plotsoft Inc. PDFill PDF Tools. Online-Quelle. <http://www.pdfill.com>.

[Pridik 07] N. Pridik. Richtig schreiben und Zeichen setzen im Studium – Folge 10: Partys, Small Talk und Know-how oder: Wichtiges zur Schreibung von Substantiven aus dem Englischen. Online-Quelle. <http://www.studis-online.de/Studieren/Richtig_schreiben>.

[Raichle 02] B. Raichle. Tutorium: Einführung in die BibTeX-Programmierung. Report vom DANTE-User-Forum, Online-Quelle. <http://www.dante.de/dante2002/handouts/raichle-bibtexprog.pdf>.

[Rohde&Schwarz GmbH 07] Rohde&Schwarz GmbH. Der korrekte Umgang mit Größen, Einheiten und Gleichungen. Online-Quelle. <http://www.rohde-schwarz.com/www/downcent.nsf/file/Gr_Einh_Glei.pdf>.

[Rossig 06] W. E. Rossig, J. Prätsch. Wissenschaftliche Arbeiten. Teamdruck-Verlag, Weyhe, 2006.

[Schmidt 03] W. Schmidt, J. Knappen. Latex2e-Kurzbeschreibung (V2.3). Online-Quelle. <http://dante.ctan.org/tex-archive/info/lshort/german/l2kurz.pdf>.

[Schröder 09] J. Schröder, T. Gockel, R. Dillmann. Embedded Linux – Das Praxisbuch. Springer-Verlag, 2009. <http://www.praxisbuch.net>.

[Shell 10] M. Shell, D. Hoadley. BibTeX Tips and FAQ. Online-Quelle. <ftp://ftp.tex.ac.uk/tex-archive/biblio/bibtex/contrib/doc>.

[Shortcut Inc. 10] Shortcut Inc. S-Spline-Programm zur verlustarmen Vergrößerung digitaler Bilder. Online-Quelle. <http://www.doku.net/artikel/s-spline2.htm>.

[Sick 06] B. Sick. Der Dativ ist dem Genetiv sein Tod, Band 1–3. Verlag Kiepenheuer & Witsch, Köln, 2006.

[Smith 10] B. V. Smith. Xfig-Vektorzeichenprogramm. Online-Quelle. <http://xfig.org>.

[Springer-Verlag 07] Springer-Verlag. Hinweise zur Manuskripterstellung und Vorlagen. Online-Quelle. <http://www.springer.com/dal/home/authors/book+authors>.

[Stickel-Wolf 01] C. Stickel-Wolf, J. Wolf. Wissenschaftliches Arbeiten und Lerntechniken. Gabler-Verlag, Wiesbaden, 2001.

[Sun Microsystems Inc. 10] Sun Microsystems Inc. OpenOffice (Writer, Math, Calc, Draw, Impress, Base). Online-Quelle. <http://de.openoffice.org>.

[Template 10] Template. Latex-Template für Seminar-, Studien- und Diplomarbeiten und Dissertationen. Online-Quelle zum freien Download. <http://www.formbuch.de>.

[The Omni Group 10] The Omni Group. Vektorzeichenprogramm OmniGraffle für MacOS. Online-Quelle. <http://www.omnigroup.com/applications/omnigraffle>.

[Thomson Inc. 10] Thomson Inc. Literaturverwaltung EndNote. Online-Quelle. <http://www.endnote.com>.

[TortoiseSVN 10] TortoiseSVN. Versionsverwaltung, Download und deutsches Handbuch. Online-Quelle. <http://tortoisesvn.net/support>.

[Universität Karlsruhe 10] Universität Karlsruhe. Urheberrechtliche Fragen. Online-Quelle. <http://www.zvw.uni-karlsruhe.de/2236.php>.

[Wassermann 06] T. Wassermann. Versionsmanagement mit Subversion. Mitp-Verlag, Bonn, 2006.

[Weber-Wulff 10] D. Weber-Wulff. Portal Plagiat – Plagiate finden, Texte, Software usw. Online-Quelle. <http://plagiat.htw-berlin.de>.

[Wikipedia 10] Wikipedia. Die Freie Enzyklopädie (deutsche Version). Online-Quelle. <http://de.wikipedia.org/wiki/Hauptseite>.

[wissen.de 10] wissen.de. Wissensportal der Bertelsmann-Gruppe. Online-Quelle. <http://www.wissen.de>.

[Ziegenhagen 08] U. Ziegenhagen. Dokumentenmanagement mit LaTeX und Subversion. Online-Quelle. <http://www.uweziegenhagen.de/academic/publications/svndtk.pdf>.

Sachverzeichnis

A
a2ps 48, 51
AAP 39, 50, 51, 72
Abbildungsverankerung 63
Abbildungsverzeichnis 31
Abkürzungen 102
Abmahnung 3, 14
Absatz zusammenhalten ... 67
Abschnittsüberschrift 28
ACM 7
ActivePerl 48, 50
Adobe Acrobat Prof. ... 39, 51
Adobe Photoshop 46
Adobe Reader 39, 49
Aktiv (vs. Passiv) 106
Algorithmenverzeichnis 31
Anglizismen 94
Anhänge 32
Apostroph 95
Article 11
arXiv 7

Auflösung 55, 58

B
Backup 79
BASE 7
Beschneidungswerkzeug 39, 48
Bibliografie 4, 69
BibTeX 10, 32, 121
Bildauflösung 55, 58
Bilddatenbanken 16
Bildmaterial 16
Bildquelle 21
Bildquellenliste 21
Bildrechte 15
Bindestrich 93
Bis-Strich 94
BoD 81
Book on Demand 81
Bottom-up 25
Buchquelle 10

Sachverzeichnis

C
Calc ... 44
Checkliste ... 86
Chronologische Methode ... 25
CiteSeer ... 7
Copernic Desktop Search ... 6
CorelDRAW ... 45, 110

D
Danksagung ... 31
DarkShot ... 50
Datenbanken ... 7
Deckblatt ... 30, 119
Deduktive Methode ... 24
DEPATISnet ... 7
Deppenleerzeichen ... 93
DFG ... 18
DFG-Empfehlung ... 20
Diagramm ... 61
Dialektische Methode ... 24
Direktes Zitat ... 12
Dithering ... 60, 61
Divis ... 93
dpi ... 58
Draw ... 44
Druckvorstufe ... 51
Duden ... vi, 91, 92, 100

E
eDocPrintPro ... 52
Eidesstattl. Erklärung ... 21, 30
Einheit ... 96, 98
EndNote ... 32
Englische Wörter ... 94
EPS-Format ... 40, 47, 56
Errata ... 89
Eszett ... 93
Ethik ... 19
Excel ... 43, 50

F
Farbbilder ... 61
Flowchart ... 50
Fonteinbettung ... 72
Formeleditor ... 37, 49
Formelzeichen ... 96, 99
Formelzeichenverzeichnis ... 31
Fotografie ... 16, 46, 50, 54, 62, 110

G
Geviertstrich ... 93
Ghostscript ... 47, 51
GIMP ... 46
GIMPShop ... 46
Gleichung ... 96
Gliederung ... 23
Gliederungsebenen ... 74
Gliederungspunkte ... 27
Glossar ... 32
GNU Free Doc. License ... 15
Gnuplot ... 48
Google ... 4
   Büchersuche ... 7
   Codesearch ... 8
   Desktop Search ... 6
   Patents ... 8
   Scholar ... 8
Größengleichung ... 98
Grafik ... 109
GSview ... 47
Gute wissenschaftl. Praxis ... 18

H
Halbgeviertstrich 94
Halftone-Verfahren 60
Handbuch 26
Hurenkind 65
Hyperref 69

I
IEEE Xplore 7, 8
Impress 44
Index 32, 121
Indianerpfeile 110
Indirektes Zitat 12
Induktive Methode 24
Inhaltsverzeichnis 31
Interpolation 59
IO-Port 8

J
JabRef 4–6
Journal Paper 11
JPG-Format 50, 111

K
Kausale Methode 24
Konferenzbeitrag 11
Kontaktdaten 89
Konvertierung 53
Korrekturlesen 85
KVK 8

L
Laborbuch 26
Latex
    Editor 116
    Hilfe 118
    Installation 116
    Literatur 118
    Template 115, 119
    Vorlage 115, 119
Latex-Font 41, 57, 67
Leerzeichen 96
Lektorat 85
Ligatur 95
Listing 48
Listings 70
Literatur-Datenbanken 7
Literaturverzeichnis 10, 32
Lizenz 124

M
MakeIndex 32, 121
Math 44
Mathematische Symbole ... 92
Mikrotypografie 92
MiKTeX 36, 116
    Editor 116
    Installation 116
Minipage 67
Monografie 10
MS Excel 43, 50
MS Office 41
MS PowerPoint 43
MS Visio 43, 45, 110
MS Word 41, 53
MS Word Draw 41, 45, 50, 111

N
NDR 68, 91, 100

O
Office 41

Omnigraffle 46
Online-Datenbanken 7
Online-Quelle 11
OpenOffice 43, 53

P
Paint Shop Pro 46
Parts 74
Passiv (vs. Aktiv) 106
PDF-Druckertreiber 52
PDF-Format 6, 36, 39, 45, 47, 51, 56
PDF-Quellen 4
pdfcrop 48, 51
Perl 48
Pfeile 110
Photo-Paint 46
Photoshop 46, 59
Pixelbilder 42, 46, 54, 109, 114, 120
Plagiat 3, 18, 21
Planung, zeitliche 33
PNG-Format 50, 62, 111
Postscript 51
PowerPoint 43
ppi 58
Pretty Printer 48, 51
Primärquelle 13
Proceedings 11
Programm-Listing 48, 51
Programmlistings 70

Q
Quellenverwaltung 4
Quelltext 48, 51
Quelltexte 70

R
Rasterverfahren 60
Recherche 3
Rechte 14
Rechtschreibkorrektur .. 42, 92
Rechtschreibprüfung ... 42, 91
Rechtschreibung ... 12, 42, 68, 91, 92, 100
Referenz 10
Referenzieren 3, 9

S
S-Spline-Verfahren 59
Sachverzeichnis 32
Satzspiegel 76, 78
Schmutzblatt 32
Schnappschuss-Werkzeug .. 55
Schnittmarken 78
Schreibblockaden 33
Schrifteneinbettung 72
Schusterjunge 65
Schutzrechte 14
Schwarz-Weiß-Druck 61
Scirus 8
Screenshot . 46, 50, 54, 62, 110
Sekundärquelle 13
Selbstplagiat 18
Sicherungskopien 79
Silbentrennung 68
Sinngemäßes Zitat 12
Skalierung, Grafik 110
Snippet 51
Snippets 70
Sonderzeichen 98
Spatial Dithering 61
Springer-Link 7, 8

Sachverzeichnis

Stil 106
Styles, Referenz- 9
Subversion 81
Superlative 106
SVN 81
Symbole 42, 98, 99
Symboltabelle 42

T
Tabellensortierung 42
Technisches Zeichnen 109
Template 115, 119
  Dateien 122
  Lizenz 124
Terminologie 4
TeXaide 36, 37, 49
TeXnicCenter 36, 116
  Einrichtung 116
  Installation 116
Text in Formeln 98
Thesaurus 42
Toolchain 49
Top-down 25
Trennung 68

U
UML-Diagramm 50
UniKA-Info-Style 10
Urheberrecht 14, 15
URL 11
URL, Umbrüche in 69
USPTO 8

V
Vektorgrafik 45, 109, 114
Verankerung 63
Versionsverwaltung 81
VG Wort 84
Viertelgeviertstrich 93
Visio 43, 45, 110
Vorlage 115, 119
  Dateien 122
  Lizenz 124

W
Wörtliches Zitat 12
Wandernde Abbildungen ... 63
Werkzeuge 35
Wikipedia 4
Wissenschaftsethik 19
Word 41, 53
Word Draw 41, 45, 50, 111
Writer 44

Z
Zahlen 95
Zeichnung 109
Zeichnungsbeispiele 114
Zeitform 106
Zeitliche Planung 33
Zeitschriftenbeitrag 11
Ziffern 95
Zitat 9, 12, 15
Zitieren 9, 12, 15
Zwiebelfisch 65

Printed in Germany
by Amazon Distribution
GmbH, Leipzig